全图解

精致生活整理术

U0183960

吴希塔　朴朴君/著

中国铁道出版社有限公司
CHINA RAILWAY PUBLISHING HOUSE CO., LTD.

图书在版编目（CIP）数据

精致生活整理术 / 吴希塔，朴朴君著.—北京：中国
铁道出版社有限公司，2022.8（2023.5重印）
ISBN 978-7-113-28945-4

Ⅰ.①精… Ⅱ.①吴… ②朴… Ⅲ.①家庭生活–基本
知识 Ⅳ.①TS976.3

中国版本图书馆CIP数据核字(2022)第040732号

书　　名：**精致生活整理术**
　　　　　JINGZHI SHENGHUO ZHENGLISHU
作　　者：吴希塔　朴朴君

责任编辑：巨　凤　编辑部电话：（010）83545974　电子邮箱：herozyda@foxmail.com
封面设计：宿　萌
责任校对：苗　丹
责任印制：赵星辰

出版发行：中国铁道出版社有限公司（100054，北京市西城区右安门西街8号）
印　　刷：中煤（北京）印务有限公司
版　　次：2022年8月第1版　2023年5月第2次印刷
开　　本：880 mm×1 230 mm 1/32　印张：7.75　字数：200千
书　　号：ISBN 978-7-113-28945-4
定　　价：68.00元

前言

大家好，我是吴希塔，是一名设计师，同时也是整理收纳的培训师。我和居住在日本的整理收纳培训师朴老师在微博写了多年关于整理收纳的话题，帮几十万读者解决了整理收纳上的难题，还开设了专业的整理收纳师课程，培养了大量的专业整理收纳师。在这几年中，我俩一直在讨论，如何让更多人更快、更简单地掌握整理收纳的原理和技巧，以便轻松地运用到实践中，让家变得更舒适、整洁。

在这几年课程及咨询的过程中，我们发现，大多数家庭对整理的概念还停留在表面，而对系统的整理收纳毫无头绪，往往是今天收拾了客厅，一周后又复原成混乱的状态；收拾得整整齐齐的衣柜，两三天后就翻得乱七八糟；明明每天打扫厨房、卫生间，却总是觉得无法达到清爽整洁的状态，大把的时间花在反复收拾中，却还是无法逃脱复乱的结果。

嗨！

·希塔

为了解决这些难题，我们梳理了整个家居空间，并用大量的图片及简单的步骤，将家居空间分解成八大区域：衣橱、冰箱、厨房、卫生间、玄关、客(餐)厅、书房、儿童房，用总结出的统一程序进行分解式讲解。掌握了本书讲解的收纳技巧，整理收纳将不再是难事。

大家好！

·朴老师

本书的特色：

· 将复杂的步骤简单化、统一化，再多的物品按照简单统一的模式都能逐一化解。

· 大量精美图片直观示范，跟着图示一步步进行，简单清晰。

· 全面归纳并整理笔者多年整理收纳的教学及实操经验。

· 各种收纳用具场景表现及整理收纳前后对比，让读者对整理收纳有更深刻的感受。

本书内容具体如下：

引言，我们介绍了整理和收纳的意义，比如整理收纳重在整理，无整理不收纳，如何整理？整理步骤有哪些？收纳又是什么？最后还总结了整理收纳的专业流程图，无论多少物品，无论空间多大，按这个流程图一步步进行，都能顺利完成。

第1章~第8章，主要介绍家庭整理收纳的实操指导，把家居空间划分成八个区域，根据引言中讲到的流程图，配合大量图片逐一讲解，读者只要对照图片并按照顺序做，就能逐渐熟练掌握。

第9章，收录了部分好用的收纳工具在不同场景下使用的情况，读者可以拓展收纳思路。同时展示了各大区域整理前与整理后的对比，读者在视觉上对整理收纳的成果会有一个更加强烈、直观的感受。

在本书的编写过程中，感谢六岁的小添，带来书中信手涂抹的温暖手绘；其次是小添的爸爸，做版式设计与插画；最后更要感谢微博 @ 写书哥的邀请。

目 录

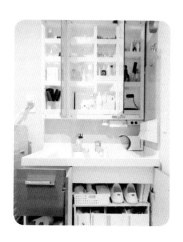

第 9 章 收纳有神器，神器需运用 \215

引言

·决定着家的舒适度

家是由人、物、居住空间三个因素组成，居住空间又可以分为物品收纳空间与人的活动空间，这三者之间的平衡决定着家的舒适度。

一个家长期处于杂乱无章、难以收拾的状态，很大原因是这三者之间失去了平衡。

人的性格、长期养成的习惯与生活方式是无法马上改变的，因此想要改善家的现状，就需要思考并解决物与空间这两者之间存在的问题。

家 = 人 + 物 + 居住空间

　　家庭成员与居住空间的大小相对是固定的,而物品在我们的日常生活中,无论种类还是数量,每时每刻都在发生着变化,这些物品直接影响着我们的居住环境。

　　如果物品过多,就需要较大的空间收纳,我们能够自由支配的活动空间也就会减少,同时还要消耗大量时间和精力来管理及维护这些物品;相反,只留下适合数量的物品,就无须腾出大面积的空间来收纳它们,人就可以在宽敞的活动空间里更舒适地生活,也不必花费大量的时间和精力去管理和维护。

物品收纳空间　人的活动空间

物品过多　人的空间被压缩

居住空间 =
人的活动空间 + 物品收纳空间

物品的多少与人的活动空间、
需消耗的时间和精力成反比

那么该如何才能
做到只留下必要的物品
及适当的数量呢? 是要
扔掉大量的物品吗?

这跟减肥一样, 如果不分析肥胖的真正原因, 而只是一味地减少食量, 甚至节食, 极有可能在未来不坚持时反弹, 治标不治本。想要得到好的身材, 不仅要调整饮食, 还要注重营养, 以及不断地运动, 进行一系列的科学减肥。

如何合理减少物品数量也是一样, 首先要分析物品不断增加的原因, 之后区分出这些物品中到底哪些才是自己真正需要的, 最后去掉那些不必要的物品, 把留下的物品进一步系统地分类, 这个过程就是进行整理的过程。

减少物品 ≠ 扔掉物品

·整理是一切的开始

我们把整理分成如下两个步骤。

1. 初次分类

在初次分类里学会区分"必要"和"不必要"的物品。初次分类也叫四项分类，具体如下：

① 舍弃
② 处理 ⎫ (扔掉，或二手转卖，或送人，或捐赠)
③ 暂留 ⋯ 进整理箱暂时保管
④ 保留 ⋯ 进入二次分类

2. 二次分类

二次分类就是把保留的物品，按种类、目的、用途、使用人等，再次分类。

有些人购买了很多收纳书，模仿里面的收纳技巧，但往往达不到预期的效果。其原因就是忽略了这个整理的过程。大多数初学者觉得所谓整理就是把衣服叠整齐，物品放回原位就可以了，但这只是进行了收拾的行为，而非真正的整理。

·整理是按大类别(如：衣物类、文具类、碗碟类等)全部取出，进行彻底审视、思考、筛选的行为过程。

下面这些选项 都是致使我们拥有大量物品的原因, 符合你的有几个, 请打钩。

01. 打折购买品 □

02. 买一送一 □

03. 免费赠送 □

04. 收到的礼物 □

05. 别人有的我也要拥有 □

06. 物品无破损 □

07. 说不定哪天会用到 □

08. 将来可能会用到 □

09. 先暂时放着 □

10. 扔掉感觉浪费 □

11. 高价购买品 □

12. 不知道用法的收纳用品 □

13. 别人送的 □

14. 各种纪念品 □

15. 超市免费塑料袋, 购物袋 □

16. 各种大量囤货 □

如果勾选得越多, 说明你对物品的掌控力越差, 家中越易混乱。换言之, 从未真正思考它们存在的意义, 最后被它们剥夺了原本属于我们的大量空间及精力。

·收纳可以做到取用方便、利于管理

想要改善家的状态，除了整理物品外，还需根据家庭成员的性格、习惯、动线等，对收纳空间进行合理的规划。

常有人抱怨家人把物品随手置于餐桌，导致餐桌堆满物品，但没有思考为何是餐桌，而非别处，是否因原先位置不便取放而造成。

思考并解决这些问题的过程，就是规划收纳的过程。

收纳并不只是用盒子把物品收起来，它需要利用收纳工具和有效的收纳方法给物品定位，做到取用方便、利于管理，以及让物品归位变得更简单。

> 收纳 ≠ 把物品收起来
>
> ·收纳是利用收纳工具和收纳方法，使物品方便取放、使用、归位的一种行为过程。

·整理收纳的正确顺序

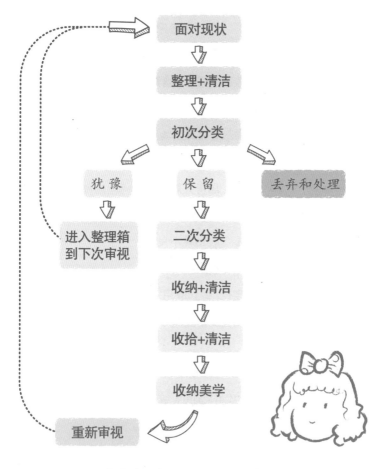

整理收纳的正确顺序流程示意

以下是对上述流程图的详细解释:

1. 面对现状

通过面对现状可以了解自己目前的生活方式、习惯，还有一些存在的问题。

操作方法：确定一个准备整理收纳的区域，把这个区域的物品全部拿出。

2. 整理 + 清洁

再次确认对自己真正有意义或者必要的物品是哪些，告别无用的物品，重新思考拥有这些物品对自己的意义。（整理的时候同时进行物品清洁）

操作方法：把全部拿出来的物品进行"要或不要"的初次分类和二次分类。

3. 初次分类

需要丢弃和处理的物品。过期的、变质的，一两年以上没用过的，将来也不会用到的，每次用都感到不适的。

犹豫的物品。无法马上做决定是否留下的物品。（准备一个箱子收纳，隔段时间再来审视）

留下的物品。确定是必要的物品，也是重点收纳的对象，这部分直接进入二次分类。

4. 二次分类

根据动线、使用的地方、使用频率、使用人、季节、种类等进行分类。

5. 收纳 + 清洁

根据收纳空间、动线、自己或家人的性格、爱好、习惯、生活方式, 给每个物品定位, 做到取放和使用方便, 能够自然地放回原位。

(在进行收纳的同时对空间进行清洁)

(1) 规划。

根据空间、动线决定每个物品最适合的收纳位置。

(2) 测量。

测量收纳空间的高度、宽度、深度和一些凹凸部分。

(3) 思考收纳方法。

思考最适合取放和方便使用物品的收纳方法。

(4) 选择收纳工具。

合理地利用收纳工具, 以方便物品的取放和使用及增加收纳容量。

(5) 给物品定位。

规定物品的位置, 以便于寻找, 以及利于把使用后的物品放回原位。

(6) 标签。

按使用人的特点选择适合的标签, 标签化管理有助于家人共享收纳盒里的内容。

6. 收拾 + 清洁

使用后的物归原位, 可一直保持整洁状态。

7. 收纳美学

收纳美学是个大课题，一般来说，做到整齐、统一、视觉舒适即可。

（1）统一颜色和形状。

在同一空间的收纳用具，颜色与形状尽量统一，可以减少视觉压迫感。

（2）展示时做到上轻下重。

对于体积小与颜色浅的物品要靠上放置；而对于体积大、颜色重的物品要靠下放置，以避免头重脚轻的压抑感。

（3）排列要有美感。

在排列上做到从浅到深、从小到大、从短到长，色彩按照赤橙黄绿青蓝紫的顺序，就能极大地提高视觉舒适度。

（4）空间要有韵律感。

细小凌乱的物品可作为隐藏式收纳；具有艺术美观度的物品可作为展示收纳。

采用隐藏与展示相结合的收纳方法，其比例应控制在 8∶2 左右。

8. 重新审视

当物品复乱或居家环境有较大变动时，就需要重新审视物品，再次进入整理收纳新的循环。

下面进入实操第 1 章：衣橱。

把衣橱放首章，是因为衣橱是很多人的收纳痛点，但按照上述流程进行整理，其实并不难，如果我们掌握了衣橱的整理收纳方法，那其他部分就会越来越顺利，在衣橱这一章详细介绍并解释了流程中的每一步，跟着一起做一遍，可以对整理收纳进一步了解。

那就让我们开始这段
整理收纳的旅程吧！

那就一起吧！

第1章

Wardrobe
衣橱

打造永不复乱的衣橱

衣物是与人接触时间最长的物品, 在找寻适合自己衣物的同时, 适合的整理收纳法也同样重要。

衣橱收纳的常见问题:

- 衣橱混乱, 堆放着各种衣服。
- 衣物数量过多, 无法尽快选择, 服装搭配也变得很难。
- 用普通衣架吊挂衣物会出现肩窝。
- 不知道换季衣物怎么收纳。
- 设计不合理, 难寻适合的收纳工具。

怎样解决上述问题呢? 本章内容也许能带给大家一些启发和行之有效的方法。

1.1 衣橱正确的整理方法

造成衣橱收纳问题的最大原因，是只进不出。无休止的只进不出，再大的空间也会被堆放得混乱不堪。

1.1.1 从取舍开始，控制数量，进入初次分类

A. 为何需要这个步骤呢?

可以了解自己真正的喜好，以便再次购买时避免不适合的衣物，以免浪费。

给真正需要收纳的衣物提供更宽敞的衣橱空间，方便挑选和取放。

易搭配、易收拾，减少家务时间。

只留必要的衣物，维护和管理衣服更简便。

小提示:

舍≠扔掉

"舍"并非只有"扔"这一种方式，还可用其他方式进行"舍"。

比如:一些较好的衣物可以卖掉或送人。

衣服也有消费期限，一直不穿，即便是新衣，也会随时间流逝慢慢褪色，材质也会老化。

"舍"有时能让这些闲置的衣物再次使用，重新发挥原有的价值。

B. 如何进行取舍?

　　将衣物一次性全部拿出, 进行取与舍的选择, 进行初次分类。

　　因为物品数量太多, 我们的分类要分两次进行, 层层递进和细化。初次分类后还有二次分类, 目的是能清楚了解每件衣物相对应的正确收纳位置。那什么叫初次分类呢?

下面就一步步跟着实践起来吧!

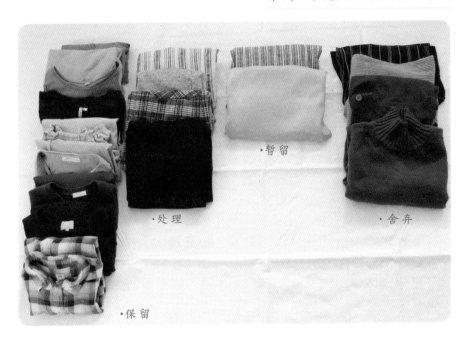

·暂留

·处理

·舍弃

·保留

取舍阶段的
初次分类：

　　第一，若数量相对少，可把衣物全部拿出来，集中进行初次分类，也叫四项分类。

　　准备四张纸，各写上：舍弃；处理（送人或卖掉）**；暂留；保留。**

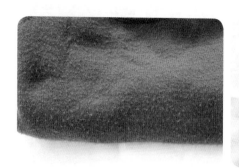

⬆ 舍弃：
起球厉害，褪色严重，材质明显受损的衣物。

⬆ 处理（送人或卖掉）：
① 衣物品相好，但不喜欢此款式或不适合现在的体型穿了。
② 与自己主流衣物不搭，难驾驭。
③ 舒适感差。
④ 2～3年没穿过。

⬆ 暂留：
虽然没怎么穿过，但无法马上决定要不要处理的衣物。

⬆ 保留：
不仅品相好而且喜欢此款式的衣服、常穿的衣物以及有特殊意义的衣物。

（注意：需控制数量。）

第二,若数量较多,则可分两次进行。

第一次: 粗分类。
从衣橱里把衣物拿出来的过程中,进行舍弃和保留的初次大分类。

第二次: 细分类。
把第一次粗分类后留下来的衣物再进行一次四项分类。
(操作方法可以参照数量相对少的衣物的初次分类法)

小提示1:
找到适合自己的数量。
那多少衣物的量才算适合呢?
可用自己的日常使用量计算,比如上班族可保留如下:

①一周上班日所需数量。(按一年四季来进行估算)
②非上班日所需数量。(按一年四季来进行估算)
③特殊场合所需数量。(如运动服、家居服、礼服等)
④换洗需要的余量。

依此类推,就能算出适合自己的数量。

小提示2:
决定衣物取舍时,考虑时间最好不要超过3秒,因为人的心理是犹豫越久就越想找各种理由把它留下来,取舍操作也就毫无意义。

小提示3:
家人的衣物的取舍必须由家人自己做决定,擅自处理很可能会引发家庭矛盾,在做整理时一定要考虑这点。

按上述步骤整理完,我们要把暂留和保留的衣物进行二次分类,才能进入到真正的收纳环节。

1.1.2 掌握二次分类的多种方式

有利于进一步了解目前所拥有的衣物数量及种类，以便更合理地划分区域以及更便利地取放，在分类过程中还可以再次审视衣物的去留。

1. 按动线分类

在哪里使用、哪里穿脱的衣物，要收纳在对应位置。

动线越长，放回原位越麻烦，就越易造成随手放的问题，久而久之，衣物就会堆放得到处都是。

tips：隔夜衣可收纳在玄关处，或根据适合自己更换的场所规定隔夜衣的特定位置。

卫生间

tips：若有足够的空间，内衣类也可收纳在离卫生间较近的地方。

2. 按衣物使用人分类

　　有助于对衣橱空间进行合理分区，可以避免盲目找寻整个衣橱。

tips：若共用一个衣橱，就需把衣橱按主要使用人区分区域。若有儿童房，孩子的衣物最好收纳在儿童房的衣橱里，有助于提高孩子自己穿脱、整理衣物的能力和积极性。

3. 按季节分类

　　可以把过季的衣服集中在一起进行收纳，有利于集中管理、集中维护，并有效使用收纳空间。

tips：把冬季的衣服收纳在一个收纳袋里，袋里再放入一些防霉防潮剂。

4. 按种类分类

有利于了解自己拥有多少相同类别或相同颜色的衣物。

tips：若白色的 T 恤比较多，下次可减少购买同类衣物。

5. 按使用频率分类

可有效确定常穿的衣服最适合收纳的位置。

tips：一组抽屉，最方便的位置留给当季衣物。

6. 按使用场景组合分类

把同一个场景要穿的衣物组合收纳，这样寻找和拿取更便捷，也可以有效防止遗漏。

在进行二次分类后，我们就要进入收纳阶段啦！在这一环节，正确的方法和适合的工具缺一不可。

tips：游泳时穿的泳衣、护目镜和专用毛巾可以一起收纳。

1.2 好用的衣橱收纳技巧和工具

不少人认为,收拾衣服就是将其叠齐放入衣橱的行为。

但真正的衣橱收纳,不仅只是叠、收衣物的行为,它需要考虑更多因素,最终目的并非短暂地看上去整齐,而是能一直保持不凌乱,同时取放方便。

要达到这个目的,首先我们要了解衣橱的纵向分区。其次,对应各个区域,收纳工具的选择也同样重要。

1.2.1 了解衣橱的纵向分区

取放方便度:中间区域 > 下方区域 > 上方区域

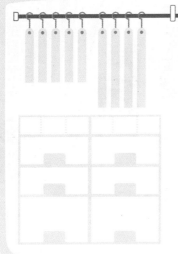

· **上方区域**(眼睛以上部分——低频区):
虽不便查找与取放,但也是最不易受潮的空间,适合收纳过季衣物或床品、一些不常看的相册、毛绒玩具等。

· **中间区域**(黄金区域)
(眼睛到腰的部分):
最便利区域,被我们称为收纳的黄金区,特别适合收纳使用频率最高的常穿衣物。

· **下方区域**(次频区)
(腰以下部分):
适合收纳小物件、叠放的衣物、比较重的行李箱等。

1.2.2 根据纵向分区选择合理的收纳工具

1. 上方区域（低频区）

适于收纳的工具：带把手的收纳盒或收纳袋，使用轻便，易取放。

● 收纳盒／袋

比如：布料材质的收纳盒，软面料的收纳盒或收纳袋。
过重过大的收纳盒取放不便，还存在拿取时掉落误伤人的安全隐患。

2. 中间区域（黄金区域）

适于收纳的工具衣架 + 小型收纳盒组合收纳。

那么如何选择适合的衣架呢？
衣架宽 > 衣服肩宽 约
1 ~ 2 厘米

参考：
男士：平均肩宽40厘米；
女士：平均肩宽36厘米。

衣架

☞ **弧形衣架**（适合易出现衣架窝或易滑落的衣物）：

优点：防滑，不宜出现肩窝。
缺点：因防滑设计摩擦力大，取放略有不便。

☞ **铝制衣架**（适合衣橱空间有限但衣物又比较多时使用）：

优点：细扁，不占空间，光滑易取放，耐用。
缺点：衣服易脱落，也易出现衣架窝，金属摩擦声有时会使人不适。

⬿ **PP 晾衣架**（适合大部分衣物使用）：

优点：采取了特殊造型设计，挂衣服时不
　　　容易造成领口变形。

缺点：因为是 PP 材质的，所以耐用性比铝
　　　制差。

⬿ **聚丙烯宽衣架**（适合挂西装或者羊绒大衣等
大件衣物）：

优点：两边较宽，衣服肩头和衣领不会变形，
　　　有利于保持衣服的形状。

缺点：占空间，能挂的衣物数量少。

⬿ **收纳特定物品的衣架**（适合围巾等
特殊物品）：

优点：小巧，取放方便。

缺点：因为是用于收纳特定物品的，
　　　所以可以用于收纳的种类有限。

除了这五种衣架外,市面上还有很多衣架可供选择,大家根据自己的需求选择适合的种类,就能减少整理时的烦恼和家务量。

小型收纳盒

挂衣区下方的剩余空间,利用文件盒等收纳小件,可提高收纳量。

后:不常用
前:常用

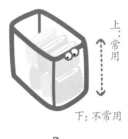

上:常用
下:不常用

收纳小件

进深短的收纳盒可分前后收纳。

较高的收纳盒可上下叠放收纳。

靠前、上面的收纳盒去掉盖子能减少动作次数,使用更方便。

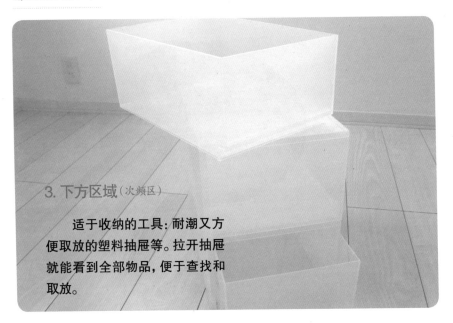

3. 下方区域（次频区）

适于收纳的工具：耐潮又方便取放的塑料抽屉等。拉开抽屉就能看到全部物品，便于查找和取放。

使用抽屉时需注意整体的叠放高度，高于胸部会拿取不便，且浪费收纳空间。同时还要考虑单个抽屉的高度：

① 收纳内衣的单个抽屉高度推荐：15～18 厘米。

② 收纳 T 恤的单个抽屉高度推荐：18～23 厘米。

③ 收纳毛衣、牛仔裤等的单个抽屉高度推荐 30 厘米。

单层自由组合的抽屉优于多层一体的抽屉。

① 有利于根据需求，调整叠放层数。

② 单只抽屉出现裂痕时，无须整排换掉，只需替换破损个体即可。

③ 搬动和清洁时更方便。

● 小提示1：

一定要参考自己的衣物作为标准，购买适合自己的收纳盒。

● 小提示2：

如果没有合适的收纳盒，可考虑用纸袋，将其叠成盒子状使用。选购抽屉式收纳盒时还要考虑衣柜前方是否有足够空间，确保能把收纳盒的抽屉完全拉出。

• 布艺分隔袋

4. 衣橱其他辅助收纳工具

布艺分隔袋、迷你隔板；
书立、伸缩杆、S挂钩。

⊙ 布艺分隔袋

优点: 衣服分组收纳取放方便，
不用时可折叠收纳。
缺点: 易脏，可变形少。

• 也可自制纸袋
作为分隔袋使用。

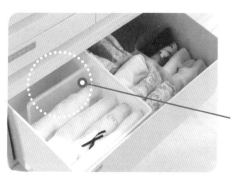

⊖ 迷你隔板

优点: 可以根据需求变换。
缺点: 固定性低。

➔ 书立

优点：方便易得。

缺点：对于太轻的材质（如塑料）很难起到固定作用。

⬇ 伸缩杆

优点：灵活便利。

缺点：对承重有一定要求，不能挂太多太重的衣物。

⬇ S 挂钩

优点：方便且不占空间。

缺点：易掉落，所以在选择时需注意，尽量选择不易掉落的款式。

1.2.3　按使用人来做分区

　　在整理中选择收纳工具时，除了对应纵向分区，还需结合使用人进行分区——根据家庭成员衣物的数量、种类、使用动线，来划分属于各自的区域。

　　这样做可减少由于取放不当造成混乱，节省寻找时间，也利于提高家人的自主整理收纳能力。

　　根据使用人进行分区后，再来选择收纳工具，就会减少空间的浪费。

女主人

男主人

女主人

1.2.4 学会测量衣橱空间及收纳用品的尺寸

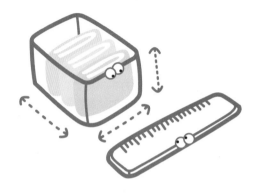

无论衣橱还是其他空间，常会出现经过测量后，收纳盒尺寸不合适的情况。

差一点放不进去；或放置时似乎刚好，但使用时却又拿不出来……

出现这种偏差怎么解决呢？

我们在测量时注意以下几点，就可以避免上述情况的发生。

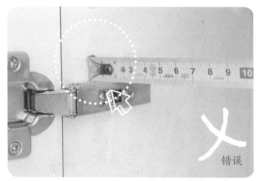

错误

⊙ 测量尺寸时不仅要测量每个区域的宽度、深度和高度，还要注意衣柜门的铰链处。（例如：柜门内侧右方有个铰链，那么此区域的宽度，应是衣橱左侧到铰链右侧的中间距离，选购收纳盒时要按照这个尺寸来。）

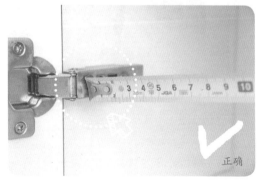

正确

⊝ 选购收纳盒时，需要了解收纳用品以及放置收纳盒的橱柜尺寸，先根据收纳的物品尺寸选择内部尺寸适合的收纳盒（高度、宽度都要注意），再根据橱柜内径与收纳盒外部最大尺寸，计算出适合的收纳盒数量。

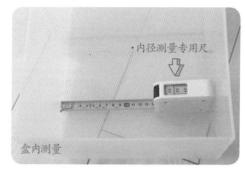

盒内测量

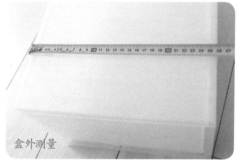

盒外测量

⊕ 如果衣橱门是两个推拉门，需要考虑两个门的重叠处，以橱柜侧面到彻底拉开柜门后的宽度为参考尺寸。

错误

正确

1.2.5 灵活使用收纳空间技巧

根据衣服的大小和收纳方法,合理规划衣橱空间,使衣橱空间的使用率达到99%。

↑ 若橱柜进深超过 60 厘米,可以分前、后进行收纳。其中,后方收纳适合挂式保管的换季大衣等。

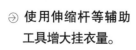 ⊖ 使用伸缩杆等辅助工具增大挂衣量。

⟳ 挂衣时按衣服长短悬挂,斜角处腾出来的地方使用收纳盒收纳常用的小件或小型衣物。

⟲ 灵活使用衣橱空间的死角,可收纳使用频率低或换季小件衣物,以此增加衣橱空间的收纳功能。

⊜ 衣橱空间使用率做到收纳空间的 80%，会更有利于衣物的取放。

⊝ 将出门须佩戴的首饰收纳在衣橱里或橱门内侧，会更方便搭配并且减少时间。

1.2.6 利用标签快速查找物品

　　如果使用的是不透明的收纳盒，并易忘记其中收纳的物品，那么贴上标签，能助你快速地找到所需物品。

↑ 文字标签：使用家人都易懂、易看的文字和字号大小。

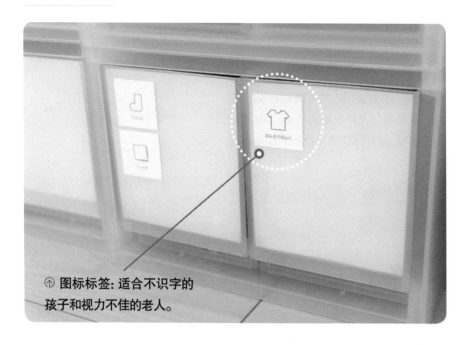

↑ 图标标签: 适合不识字的
孩子和视力不佳的老人。

↑ 列表式标签: 适合将放在高处不
便查找的物品进行统一标注, 在把
物品明细按顺序列出后, 贴在衣橱
门视线平齐的内侧, 或橱柜侧壁等
容易看到的地方。

1.2.7 确定定期整理的合理时机

进行了一次收纳后并不等于整理收纳的结束, 还需要根据生活习惯的变化, 定期整理衣橱, 调整衣橱的收纳方式和物品的收纳位置。

那如何选择再次整理的时机呢?

以时间为单位设置期限, 比如 3 个月或 6 个月进行一次衣橱的整理工作。

当取放或查找不便时, 也可作为再次整理的时机。

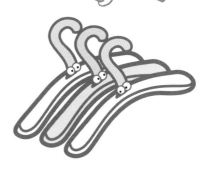

以衣架的固定数量作为再次整理衣橱的标准, 若衣服超过衣架数量, 就说明衣橱趋于饱和, 需要再次整理衣橱了。

1.3 衣橱物品的清洁和维护

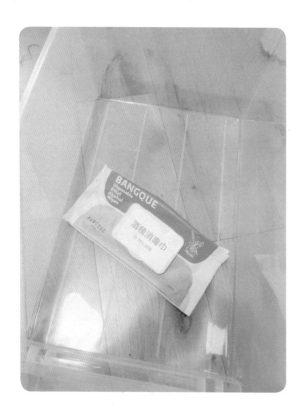

← 塑料或布艺收纳盒可用医用酒精消毒巾擦拭,无法水洗的布质收纳工具如果污渍严重,最好还是及时换新,以免滋生细菌而影响衣物。

→ 叠放收纳毛衣时,两件毛衣之间可用白色雪梨纸进行隔离,以避免毛衣之间的摩擦而导致的材质受损。

→ 皮质衣物需收纳在避光易通风的地方。

← 换季衣物应使用无纺布保护套来防止沾上灰尘。

（从干洗店取回的衣物,应将其上的塑料保护套及时去除,同时挂在通风处散除干洗药水的残留,最后换上透气的无纺布套。）

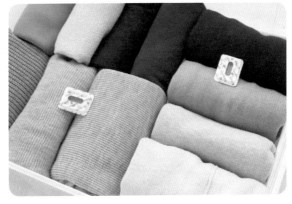

→ 根据需要选择防霉剂,防霉剂的样式大多为两类挂式和顶部粘贴式。（使用防霉剂时需标注使用日期或需要更换的日期。若在抽屉内使用防霉剂,则需要放在衣物上方。）

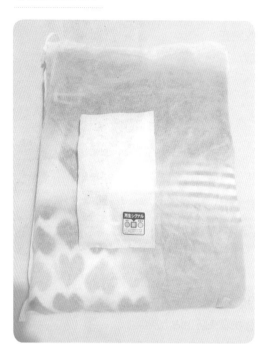

⊖ 在梅雨季节或常年潮湿的
地区需要放防潮剂，避免衣
物受潮而发霉。

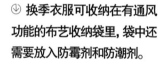

⊕ 换季衣服可收纳在有通风
功能的布艺收纳袋里，袋中还
需要放入防霉剂和防潮剂。

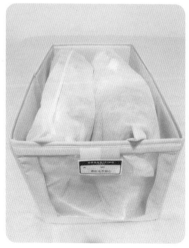

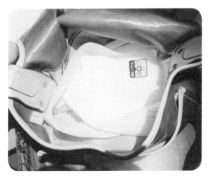

⬆ 对于不常用的手提包,应用报纸等揉成团,与防潮剂一起放入手提包中,再用保护套套住收纳,以免其变形和发霉。

⬆ **换季床品:** 对于羽绒、蚕丝、棉花等天然材质的被褥,不适合压缩收纳,因为压缩很可能造成纤维折损,影响保温性,最好使用有透气性的收纳袋竖立收纳(竖立收纳的好处是,拿出其中任何一个,都不会影响其他)。

1.4　提高衣橱视觉感的收纳小贴士

收纳小贴士 ①

统一衣架和收纳工具的颜色及材质, 视觉上会更整洁。

收纳小贴士 ②

同类的衣物可以按颜色排放, 由浅到深的顺序悬挂或摆放, 会使整个衣橱看上去更大, 还有助于了解目前衣物的颜色、数量及种类。

收纳小贴士 ③

T恤等衣物如在抽屉内竖立收纳, 叠成同样大小的方块并按颜色顺序排立, 不仅一目了然, 取放方便, 还能提高打开抽屉时的幸福感。

整理完衣橱后，大家是否对整个整理流程有了些感悟呢！为了让大家更进一步地掌握整理流程，在第 2 章冰箱的收纳中将开启新的整理收纳之旅。

为什么第 2 章是冰箱，而非其他呢？

因为冰箱是食物的独立小王国，食物除了考虑如何合理收纳，还须顾及保质期和卫生情况；在步骤上和其他区域略有不同，相对其他区域更复杂，如果我们能整理好食物小王国，人的居住空间也一定没问题。

打开我们的冰箱门开始吧！

第 2 章
Refrigerator
冰箱

只需 5 步!
给食物干净有序的家

冰箱是食物的家,食物也需要住在干净整洁有序的环境里,这个环境的好坏,直接影响到使用人的健康与否万万不能忽视。

冰箱收纳的常见问题:

· 东西多而杂乱。
· 不知不觉食物已过期或将要过期。
· 无法马上找出或拿出想要的东西。

如何解决以上问题?
跟着本章内容来一次冰箱大整理吧!

2.1 了解冰箱各区域及功能

整理冰箱前,先来了解冰箱的各个区域及其功能。掌握了冰箱各区域的功能,才可以最大限度地发挥冰箱的真正作用。

① 冷藏区(2℃~6℃)

② 零度区(-1℃~2℃)
软冻区(-5℃~7℃)

制冰室

③ 蔬果盒
(3℃~8℃)

⑥ 速冻区

④ 冷冻区
(-20℃~-18℃)

⑤ 冰箱门内侧
『4℃~8℃』

因温度变化多,适用于收纳受温度变化影响较小的食物。

有的蔬果盒设置在冷藏室下方,有的被设置在冰箱的单独区域。

有些冰箱没有设置此区域,但可对冷冻区进行调节,达到速冻目的。热食在短时间内被快速冷冻,可保持食物大部分原有的口感。

2.2　5步整理法让冰箱整洁干净

第一步: 进行食物的初
次分类。

　　把冰箱里的物品全部拿
出,根据保质期或食物状态,
进行初次分类。

　　首先,准备三个箱子或在厨房设置三个区域,贴上各自的

区域名,如下:

（a）放置已过期, 期限　　（b）放置期限将至, 即　　（c）放置要留下的食物。
不明即需丢弃的食物。　　3 ～ 7 天内需吃掉的食物。

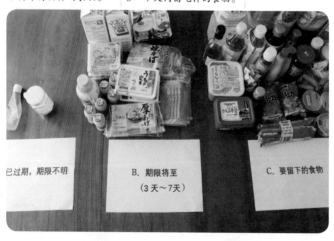

已过期, 期限不明　　　　B. 期限将至　　　　C. 要留下的食物
　　　　　　　　　　　　（3 天～ 7 天）

　　其次,从冰箱取出物品的同时,逐个检查保质期及状态,
根据期限和状态,把物品放入相应的箱子或区域内。

第二步：进行二次分类。

　　根据冰箱各区域功能，把留下的(b)和(c)区域的食物，进行第二次分类。分类步骤如下：

⬆ 留下放置在(b)和(c)区域的所有食物。

⬆ 将其进行分类后再收纳进适合的收纳盒。

⬆ 将分类完成的食品，再分别放入冰箱对应的区域。冰箱可按右侧栏中的区域进行分类。

① 冷藏区：可存放乳制品、饮料、熟食等。

② 蔬果区：可存放新鲜水果、蔬菜等。

③ 零度区：可存放两天内要食用的鱼肉类、部分需要低温保存的蔬菜水果，以及酱料、腌制品等需减缓发酵速度的食物。

④ 软冻区：适宜存放一些需要7天左右消耗掉的肉类。此区域存放的食物不会被冻得很硬，拿出后可直接加工。

⑤ 冷冻区：除了可存放鱼虾、肉类、干货、豆制品等需要长期保存的食物外，还有在梅雨天用于收纳谷物，以防止长霉生虫。

⑥ 冰箱门内侧：可存放饮料、调料等。

第三步: 根据食物的使用频率, 对其进行定位收纳。

各家庭的常用食物类别, 其实八成是相对固定的。每周或每月的消费量也基本一致。在对食物进行收纳时, 可根据食物的使用频率或个人的生活习惯, 确定常用食物的空间位置, 再划分出备用区域, 用来灵活收纳其他食物。这样可以随时掌握冰箱内食物的总量, 更便于管理食物, 也便于保持冰箱内的整洁。

日常储备及购买的食品。

有时会购买的食品。

固定区域 ②
（中频使用）

固定区域 ①
（高频使用）

备用区域

临时出现的食品。

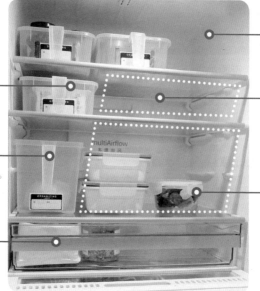

固定区域①:
日常储备区。

固定区域①:
日常购买的食品。

固定区域①:
此处留给日常购买的食品。

固定区域②:
偶尔购买的物品, 使用频率略低。

备用区域:
临时出现的食品如剩饭、剩菜等。

固定区域②:
有时会购买的物品, 使用频率略高。

·上部(高于视线)。

·黄金区域中靠上部位
(也需要搭配收纳盒)。

·中部黄金区域。

·黄金区域中的宜
承重区。

冷藏区:

上部: 由于视线受阻,取放
食物时双臂负担较大,尤其在
后侧的食物不便拿取, 所以可
用收纳盒进行收纳以方便取放。

中下部: 黄金区域(视线以
下区域),最常用的食物可以放
置于此,便于取放。

小提示:

由于位于黄金区域中的下部,
在取放食物时双臂负担较小,所
以要尽量腾出备用区域,以放置
剩菜或水果以及要直接放入冰箱
的汤锅类。

tips: 上部视线受阻, 在进行食物
收纳时, 采用带把手的收纳盒, 也
可轻易拿取最里面的物品。

tips: 下部区域适合重物的放置, 在
取放食品时可相对减轻手肘负担。

• 用牛皮纸袋收纳竖向蔬菜。

● 蔬果区：

可将蔬果区分为两部分：一部分使用收纳盒或牛皮纸袋等，收纳圆形蔬菜；另一部分可用保鲜膜包裹好并以排排放的方式，收纳丝瓜、芹菜等长形蔬菜。

日式冰箱蔬果区高度较高，像青菜等不是特别长的蔬菜，可用厨房纸巾或保鲜膜包好，直接按生长方向竖放收纳在牛皮纸袋里。

冷冻区:

　　熟米饭、焯水后的蔬菜、肉类等,都可用保鲜膜包裹成方形小块后进行竖向收纳。其他冷冻食材可以装入食品密封袋,在挤压出空气后,竖向排排放。这样的收纳方式,比用有棱角的塑料收纳盒更节约空间; 也比用超市塑料袋更卫生, 也方便查找和拿取。

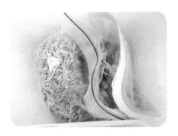

tips: 干货、茶叶、粮食都可以装入食品密封袋并挤压出空气后竖向收纳在冷冻室。

常用食物 冷冻收纳案例 ①

⊝ 肉类: 根据每次使用量,切好,用保鲜膜包裹成方形小份并竖向收纳,吃一份拿一份。

常用食物 冷冻收纳案例 ②

⊝ 熟米饭: 趁热用保鲜膜(微波炉可用耐高温膜)包成四方形后,竖放冷冻收纳。

(a)米饭盛出放在保鲜膜上。

(b)包裹成方形小份。

(c)将包裹好的米饭放入冰箱内速冻区的急速冷冻板上。

(d)包裹好的米饭在急速冷冻板上迅速冷冻。

(e)将冷冻好的米饭竖向收纳在收纳盒中。

①把葱或香菜洗净切好，用厨房纸沥干。

◒ 葱、姜、香菜类：洗完沥干水分，将葱、姜、香菜等切段或切片放入专用食品保鲜盒或密封袋冷冻，蒜头剥好沥干水分也可以直接放入冷冻区，用一颗拿一颗。

②将沥干的香菜、葱花和剥好的蒜头装入密封袋。

④也可收纳进保鲜盒存入冷冻区。

③把密封袋竖向收纳，存入冰箱冷冻区。

➡ 婴儿辅食、冷冻高汤类：可以装入硅胶材质冰格或者储奶袋（也可以用小密封袋）进行收纳，冻成小份，取用非常方便。

·冰格和储奶袋。

·放入冰箱冷冻区并竖向收纳。

零度保鲜室:

在摆放鱼虾肉这类食物时,需使用塑料保鲜盒收纳,避免影响冰箱里其他食物的**新鲜状态**(若冰箱有可调温空间,可把温度调成 0℃,作为零度保鲜室使用)。

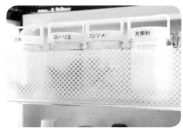

● 冰箱门内侧:
遇空气易氧化的调料和饮料,可收纳在此处。

首先,我们来了解下为何需要收纳盒呢?

第四步:
选择适合的收纳工具。

　　根据生活习惯,巧用各类收纳工具,不仅能减轻使用冰箱时的身体负担,还能提高冰箱的空间使用率。

　　如今的市面上出现了各种各样的收纳工具,那该如何在这眼花缭乱的工具中,选择出最适合冰箱的呢?

⊕ 集中收纳小而多的同类食物会显得冰箱整洁,便于拿取,便于管理,也易发现快过期的食物。

· 小而多的同类食物随意放置在冰箱内,会显得很凌乱。

· 根据食物种类,分类别地集中收纳在对应的收纳盒中。

→ 更能有效地利用冰箱深处空间。收纳盒相当于小抽屉,在拿取冰箱深处的物品时,无须搬掉前面的即可方便取放。

· 冰箱高深处的物品很难拿取,如果不搬掉前面的物品,后面的物品就无法拿出。

· 如果利用收纳盒,后面的物品在拿取时就很轻松。

⊖ 使用收纳盒对食物进行分类定位,有助于控制食物数量,避免过度购买同类食物。

⊕ 使用收纳盒,便于清洁,避免食物的汤汁流淌到冰箱四处。

·若汤汁直接泼洒在冰箱隔板,则清理会变得很麻烦。

·有了收纳盒,若泼洒了汤汁,则只要清理收纳盒即可。

⊖ 使用收纳盒,给人以视觉美观的享受,给使用者干净整洁的感觉,还可提高冰箱使用者的幸福感。

选购冰箱收纳工具时，需要避开的因素：

↻ 冰箱本身空间有限，不适合宽度过宽和深度过长的收纳盒；否则，不仅取放不便，也会大大减小收纳盒的作用，进而失去在冰箱内使用收纳盒的意义。

·收纳盒太大不适合小空间。

↻ 软材质的收纳盒不适合收纳较重的食物，比如纸袋。太重的物品容易造成软材质的破损，在拿取时易使物品掉落。

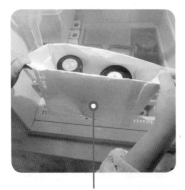

·纸袋太软，不适合收纳重的食物。

↻ 若收纳盒本身过重，也会给使用者造成不便。

·玻璃的容器就比塑料的重，在拿取食物时会不方便。

·在冷藏室顶层，可选择有一定高度的收纳盒来增加收纳量，顶层位于视线以上，若直接拿取后部物品，会有一定的困难，而使用收纳盒就会让拿取更方便。还可给高处收纳盒贴上标签有利于辨识内部物品。

需要考虑的因素：

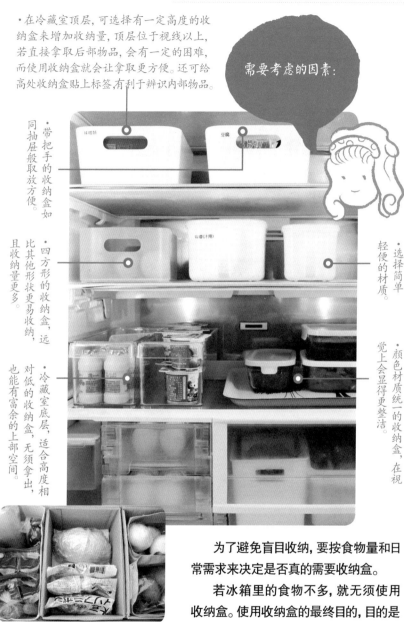

·带把手的收纳盒如同抽屉般取放方便。

·四方形的收纳盒，远比其他形状更易收纳，且收纳量更多。

·冷藏室底层，适合高度相对低的收纳盒，无须拿出，也能有富余的上部空间。

·选择简单轻便的材质。

·颜色材质统一的收纳盒，在视觉上会显得更整洁。

tips：如形状不一的蔬菜类，可使用多尺寸的牛皮纸袋以便灵活收纳。

为了避免盲目收纳，要按食物量和日常需求来决定是否真的需要收纳盒。

若冰箱里的食物不多，就无须使用收纳盒。使用收纳盒的最终目的，目的是使生活更便捷，而不仅仅是为了好看而收纳。

第五步:
冰箱收纳的其他注意点。

选择了适合的收纳盒后,把食物按照前文的方法步骤并根据食物的类别、大小、使用频率以及家人的使用习惯收纳在各自的收纳盒里。

此外,我们还需考虑收纳顺序,而不是一味地硬塞进收纳盒内,大部分食物是有保质期限的。按保质期的顺序收纳,可大大减少食物因过期而造成的浪费。

⏎ **收纳顺序(按保质期):**

· 前→旧　后→新
· 上→旧　下→新

↑ 主要使用人的食物可集中收纳在一个盒子里,比如种类较多的孩子零食,可集中在一个盒子里收纳,有助于孩子很快找到自己的零食存放处,不仅方便拿取,也更能提高孩子的独立性。

↑ 在同一分类里,体积小种类又多的食物可收纳在一个收纳盒里,比如小瓶调料等。

⊙ 根据冰箱主要使用人,决定主要
收纳方式。现在很多家庭是与老人
同住的,而且冰箱主要使用人是老
人,那么在考虑收纳方式时,就要按
老人的生活习惯来确定收纳方法。

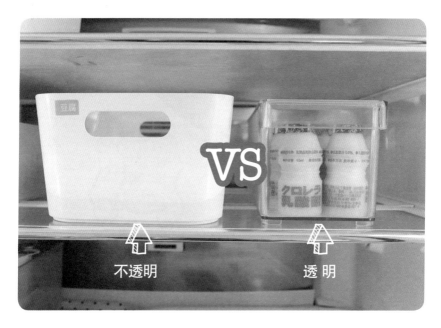

tips: 对于大部分老人而言,比起使用不
透明盒子贴标签的方法,透明的收纳盒
更适用于他们。因为他们视力下降等原
因,会看不清标签上的文字,也增加了
他们寻找食物时的负担,也会让他们觉
得麻烦,久而久之,他们也就失去了将
拿取的食物归原处的耐心,很快冰箱就
又乱了。

另外,有些老人抗拒冰箱里使
用收纳盒,更喜欢直接找空地方存
放,这时我们就需要慢慢地与他们
沟通,在尊重他们的想法和习惯的
同时,让他们多进行对比多感受到
冰箱有序收纳的好处,尽量在他们
的认可下进行冰箱的整理收纳。

完成以上五个整理收纳的步骤后，并不代表冰箱的整理收纳问题就完全解决了。我们还要根据日常饮食习惯的变化和使用人的情况，不定期对冰箱的收纳进行调整和改动。

冰箱是家人共用区域，多跟家里人沟通，尽量让家人也参与其中，会更有利于制造出方便整洁的冰箱环境。

2.3　冰箱收纳小贴士

收纳小贴士

购买的鸡蛋如果没有经过消毒，就需密封储存，以免蛋壳上的沙门氏菌、金黄色葡萄球菌等，因敞开式收纳给冰箱造成的污染。

又因鸡蛋会产生热量，密封储存会让其表面凝结水珠，可在密封盒下垫上厨房纸来避免。操作步骤如下图所示。

↑ 在保鲜盒下面垫上厨房纸用来吸潮。

↑ 不要用水清洗鸡蛋，而是用厨房纸擦掉表面大块污渍，然后大头朝上竖立放置在收纳盒。

↑ 在收纳盒上面再覆盖一层厨房纸。

↑ 盖上盖子放入冷藏生食区进行收纳。

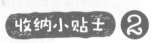

收纳小贴士 ❷

夏季容易生虫的粮食豆类，很多是因为粮食豆类本身带有虫卵，到了合适的温度后孵化了出来。为此，可将易生虫的粮食豆类分小袋分批放入冰箱冷冻室冷冻几天后再拿出，大部分虫卵就被冻死了，大大降低了粮食豆类生虫的可能性。

↑ 这样冷冻几天后拿出来，再冻下一批。

↑ 冰箱冷冻空间有限，可以分小袋分批冷冻。

将菌菇类放入冰箱保存之前,切记不能清洗,保存方法:在保鲜盒下面垫上厨房纸,再把菌菇类按生长方向放置在厨房纸上后盖上盖子即可。不要挤压,这样可以大大延长菌菇类的保存时间。

收纳小贴士 ③

↑ 在保鲜盒下面垫上厨房纸后,将菌菇类按照生长方向放置于其上。

↑ 盖上盖子放入冰箱蔬菜区。

收纳小贴士 ④

冷冻室的收纳,也要做到生熟分开,尤其是无须加热即可直接食用的冰激凌等,最好单独设置一个储存区域,避免来自生食的污染。

tips: 直接食用的食物设置一个单独区域进行收纳。

收纳小贴士 ⑤

很多冰箱都有软冻室(-7℃ ~-2℃),这个空间储存的食物在时长上一定要注意,它不能像正常冷冻室(-18℃)那样能储存较长时间,如鲜肉、鲜鱼类最好在一周内吃完,否则有变质风险,在冷冻室容量不够的情况下,大多都可把冰箱的软冻区调节成正常冷冻区的温度。

如果盛装食物的塑料保鲜盒出现异味，用洗碗机清洗是最佳的方法，若没有洗碗机，可以利用柠檬的挥发性物质来清洁。这样做有以下几个方面的好处：去除保鲜盒的异味；利用柠檬水的蒸汽清洁微波炉或蒸烤箱；利用保鲜盒内的柠檬水清洁灶具的轻度油垢和其他污垢。

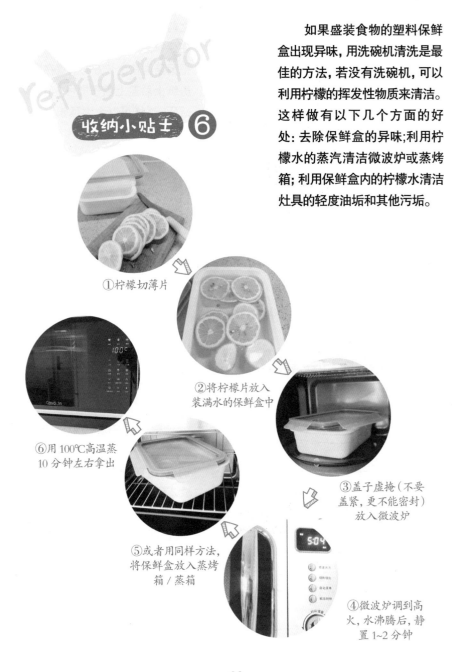

收纳小贴士 ❻

①柠檬切薄片

②将柠檬片放入装满水的保鲜盒中

③盖子虚掩（不要盖紧，更不能密封）放入微波炉

④微波炉调到高火，水沸腾后，静置1~2分钟

⑤或者用同样方法，将保鲜盒放入蒸烤箱／蒸箱

⑥用100℃高温蒸10分钟左右拿出

2.4　7步完成冰箱的清洁

冰箱是守护我们健康的重要空间，经过上述整理收纳后，还有更重要的工作——清洁。

清洁步骤如下：

↑ 准备电解水 / 小苏打水、洗洁精、除霉产品。

← 把冰箱断电食物清空，可按区域分批清理，无须一次性就把冷藏和冷冻的食物全部拿出。

↑ 把收纳件、冰箱隔板以及能拆卸的抽屉和部件全部用小苏打水或洗洁精清洗、冲洗干净后，置于通风处晾干。

← 冰箱内壁和不能拆卸的部分用电解水擦拭干净。

↑ 如果密封条出现霉变现象，就在霉变处喷涂上除霉产品后并静置几小时，等待霉菌清除干净，再用干净的湿抹布完全擦除除霉产品的残余。

↓ 用电解水把外壁顶部和电线擦拭干净。

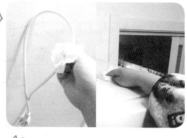

← 等通风处晾干的部件完全干燥后全部回归原位即可。

这样的清洁工作，最合理的频率是每月一次：①可让冰箱保持卫生；②可趁着做清洁时对冰箱内的食物来一次大整理，真是一举两得。

对冰箱进行整理真的很复杂, 如能跟着图片和顺序认真整理一遍, 相信大家就会在整理收纳的熟练度上有很大的提高。现在我们开启新的内容。

看到这儿, 想来大家也看出来了, 我们把大家最头疼的几大区域放在最前面, 彻底解决了这些难点区域, 其他就都不是问题。

厨房区域一直是家庭整理收纳中的痛点之一, 东西多而杂、卫生难做、不小心就成藏污纳垢重灾区, 但跟着本书的整理步骤做, 坚持下去, 一定能把家整理成书中那样干净、整洁。那么, 加油吧!

第 3 章

Kitchen
厨房

让每件物品
都能温暖安置

厨房是负责饮食的重要家庭区域, 也是我们每天最常接触的空间之一。厨房用具种类繁多, 如不定期整理收纳, 不仅影响家务效率, 还涉及卫生安全。

厨房常见问题:

- 物品种类繁多, 很难快速取用。
- 易囤积, 超过所需的食物和厨房用品。
- 常出现食物过期从而造成浪费。
- 动线混乱, 无法做到就近收纳。
- 油渍难清洁。

那该怎么解决以上问题呢?
让我们一起来进行厨房的整理收纳吧!

3.1　厨房的整理

厨房需要收纳的物品可分两种: 厨房工具和常温储藏的食物。

整理前

下面, 我们先进行这两者的整理, 通过初次分类去掉厨房里不必要的物品。

3.1.1   通过初次分类筛选出厨房里不必要的物品

1. 物 品

整理后

← **一年以上没有使用，或使用后不满意而闲置的物品。**

这些通常都是可有可无，或已被遗忘的物品，如不重新审视并筛选，日积月累，很可能会塞满整个厨房空间，导致无处收纳真正需要的物品。

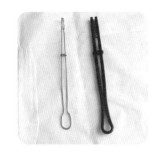

⊖ 功能相同或类似的物品。

不是收藏品，也没有特殊意义，平时习惯用的也只有一两个，那么剩下的物品可以考虑是否要保留。如果没有特殊的理由，就可以果断舍去（尤其小家电，一定要尽量购买多功能的，功能重复的小家电只保留使用频率最高的那个）。

⊖ 大量的购物塑料袋。

不少家庭喜爱囤积购物时的塑料袋。厨房各处塞满五颜六色的塑料袋，不仅影响美观，还会阻碍这些死角的清洁卫生。购物时自带环保袋，不仅减少塑料袋的产生，还有助于环保。

2. 食物

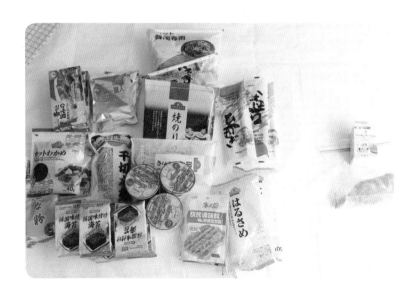

↑ **过期食物。**

如果不想舍弃而一直保留，不仅加速附近食物的变质，还可能威胁到家人的身体健康，得不偿失。

↑ **搁置很久，不知何时购买的，又不明确生产日期的食物。**

购买了生产日期不明的散装食物后，长期置于潮湿空间，极易发霉。虽然肉眼看不到，但很可能包含有害健康的细菌，与其冒险尝试，不如果断舍弃。

3.1.2 物品、食物按使用频率和用途进行二次分类

1. 物 品

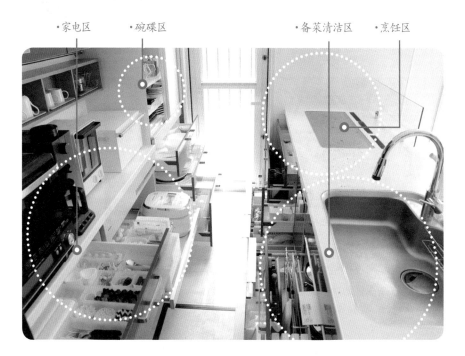

·家电区　·碗碟区　·备菜清洁区　·烹饪区

进行物品的二次分类前,我们首先要明确厨房的大致区域,再把属于各区域的物品,按使用动线和频率合理收纳。

厨房类型有多种: 有 U 形、L 形、一字形、双一形、岛台形等。

但无论什么类型,区域分配一般不变,按动线大致可分为:备菜清洁区、烹饪区、碗碟区、家电区 **四大区域。**

⊙ 备菜清洁区。

此区域尽可能围绕水池设置，主要收纳备菜和清洁时所需的物品。

例如：沥水篮、刀具、菜板、清洁液和清洁工具等。

⋔ 烹饪区。

此区域尽可能围绕灶台设置，主要收纳烹饪时所需的物品。

例如：锅具、烹饪用具、调料等。

⋔ 碗碟区。

主要收纳碗碟、杯子、餐具等。

⊝ 家电区。

主要放置厨房小家电。

2. 食 物

将食物按种类和用途进行二次分类。按类别分好后，同一类别集中收纳。

3.2 厨房的收纳程序

对于厨房用品收纳的位置，要尽量靠近使用它的地方，做到三步内就可轻松取放。同时根据使用频率，把收纳空间分为上下前后收纳，做到合理利用整个厨房空间。

厨房收纳的关键在于就近收纳，也就是最短动线。

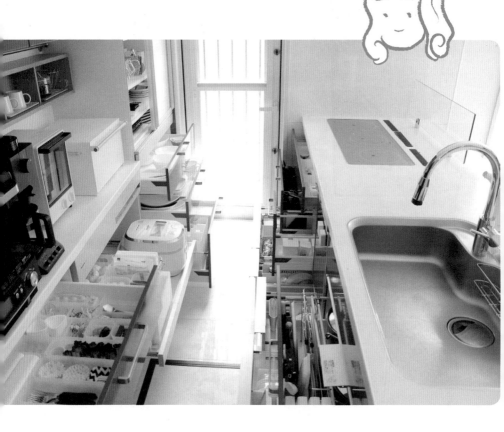

3.2.1　备菜清洁区的收纳

1. 备菜用品

⊙ 刀与菜板，沥水篮与盆
可组合收纳在水槽下方，
以便使用。

2. 清洁用品

↑ 如果购买的是大瓶洗洁精，使用替换瓶取放会更方便。

↑ 使用频率高的厨房漂白清洁剂、管道清洁颗粒等，应集中收纳在水槽下方。

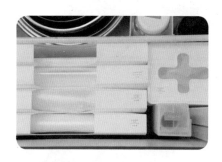

↑ 垃圾袋与滤网组合，可收纳在水槽下方。

↑ 抹布易滋生细菌，宜挂晒晾干，比平摊在台面更利于杀菌消毒。

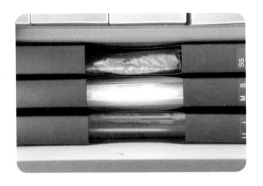

◎ 食物保鲜袋收纳在水槽下方，不需要移动就能轻松取出使用。

↑ 使用频率低的物品，可收纳在水槽最下部的抽屉里，无抽屉的可选择放置在水槽最下方或后部等相对不太方便的位置。

利于有效利用所有空间哦。

备菜清洁区

收纳小贴士

● **需要考虑的安全因素：**

如果家中有孩子，收纳刀具、剪刀等锋利物品时，尽量做好保护措施，以免受伤。

↑ 利用伸缩杆增加水槽下方的收纳容量。

↑ 水槽下方结构复杂，可灵活利用伸缩架来增加空间。

↑ 柜门内侧是很好的收纳空间，却又容易被忽略，可在此处收纳垃圾袋或刀具。

3.2.2 烹饪区的收纳

1. 锅具

⭳ 平底锅。

几口平底锅如果叠放收纳,在拿取下方锅具时就非常不便了,因此竖立收纳方式比叠放更合理、更便捷。可用文件盒或隔板等收纳工具将其竖立收纳。

 ⇨

· 利用文件盒竖立收纳。

 ⇨

· 利用隔板竖立收纳。

⊍ 炒锅。

收纳整体面积较大的炒锅时，如橱柜空间足够，可利用分隔板上下个别收纳；如没有多余空间，也可叠放收纳；空间局促，使用频率又特别高的，也可以清洁后直接架在灶台上。

⊍ 土锅、铸铁珐琅锅等。

这些锅较重，从安全和取放的方便度考虑，适合收纳在橱柜下方。如果一年只用几次，也可以收纳在吊柜下层，但取放时需注意安全。

2. 烹饪用具

需要考虑的安全因素：

烹饪用具尽量避免直接挂在灶台上方，以免在烹饪时不小心掉入滚烫的油锅内而烫伤烹饪者。因此，在收纳物品时必须先确保收纳位置是否存在安全隐患之后，再考虑取放方便的问题。

◔ 小件的烹饪用具适合使用小盒子或分隔板收纳在抽屉里，以便查找。

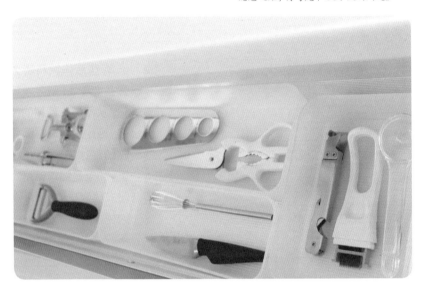

◔ 对于锅铲等烹饪用具，用竖立收纳的方法更方便查找和取放；也可挂在灶台下方的橱柜内侧，或集中放入一个专用的收纳盒内。

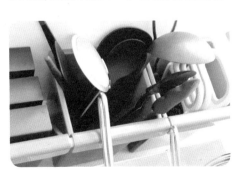

3. 调料用具

根据调料性质的收纳可分为冷藏收纳和常温收纳。

● **需要考虑的安全因素:**

　　大桶食用油从安全角度考虑,应尽量避免收纳在离灶台近的地方。可以把它分装在小的替换瓶里以备日常使用,剩下的大桶油则收纳在远离煤气的地方。

⤷ 有些液体调料若久置在常温处,则会被氧化,从而影响调料的口感。因此这种调料需要收纳在冰箱的冷藏室里。如果是偶尔使用的粉末状调味料,就可收纳在冰箱冷冻室里。

⤷ 对于较常用的调料,可分装收纳在分装瓶或调料盒里,再按动线收纳在离灶台近的位置,以便取放。

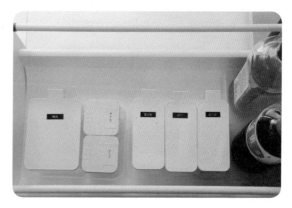

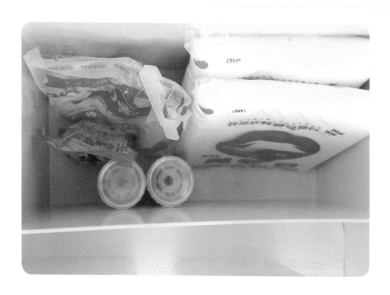

↑ 对于备用调料，可以集中收纳在一个密封盒里，只要打开盒子就能清楚知道需要补充购买的调料，便于管理。

也可以贴上滚轮哦。

↑ 对于液体瓶装调料，可使用带滚轮的收纳盒集中收纳，更方便取放。

3.2.3 碗碟区的收纳

碗碟区主要收纳杯碟碗筷等。

如果习惯爆炒且锅具油渍不及时清洁，堆积的油渍需花费一定的精力和时间才能清除，建议选择隐藏式收纳。

如果不经常做饭或烹调方式比较清淡，可使用展示和隐藏式两种收纳方法：展示美观的碗碟，隐藏美观度低但必须要用的。

⬅ **展示型收纳：**

优点：一眼就能看到所有物品，方便查找和取放。

缺点：容易落灰，清洁起来比较麻烦。如果陈列不美观，就很容易给人一种杂乱的感觉。

➡ **隐藏式收纳：**

优点：比展示型收纳容易清洁。

缺点：需打开橱柜辨认，收纳时也需要考虑取放的便捷。

无论是展示型还是隐藏式,收纳都要按照使用频率高低来进行收纳。

⊖ **上部:**
用于收纳偶尔用的碗碟杯。

⊖ **中部:**
用于收纳常用的碗碟杯。

⊖ **下部:**
如果是柜子,适合收纳大件或较重的物品。如果是抽屉,适合分组收纳碗筷等小件。

⮘ **前部：**
用于收纳使用频率高且较矮小的碗碟，方便查找和取放后部物品。

⮕ **后部：**
用于收纳使用频率中等或低的碗碟。

⮘ 展示出好看的杯子能增加厨房美感。

碗 碟 区

收纳小贴士

• 使用辅助工具增大收纳容量

....

1. 橱柜空间

↥ 在隔板下方可增加悬挂收纳工具，利用高度空间收纳小物。

↥ 使用倒 U 形的收纳工具，上、下分层收纳。

↥ 同一场景所用到的各种小件，统一组合收纳在一个收纳盒里。

↥ 可以使用分隔板、文件盒、盘架等竖立收纳碟子。

↑ 如果杯子种类多，那么可将相同种类的前后摆放，或装在细长收纳盒内收纳，一目了然，取放方便。

2. 抽屉空间

↑ 将收纳盒按种类分隔收纳。

↑ 利用上下叠放方式收纳，可增加抽屉的收纳容量。

3.2.4 家电区的收纳

● 需要考虑的安全因素:

插头附近避免放置不必要且有安全隐患的物品。

厨房小家电尽量集中收纳,这样显得不零散且整洁,同时不易造成闲置;如果收纳在封闭且取用不方便的位置,就很容易放弃使用而闲置。

小家电的收纳要充分利用纵向空间,可以购买有一定高度的架子来进行分层收纳。

小户型可使用一些抽拉配件来配合厨柜的收纳。

家电区

收纳小贴士

在微波炉等小家电上如还有空余空间,可增加置物架,用于收纳托盘、保鲜膜等经常用的日常物品。

不要浪费纵向空间哦。

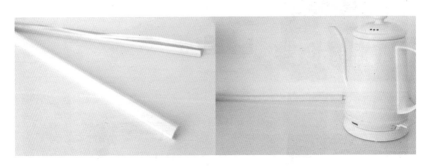

⊕ 利用电线遮挡条隐藏各种电线,
减少视觉干扰,看上去会更整洁。

3.2.5 吊柜区的收纳

　　吊柜通常都在眼睛以上位置，需举起双手或借用凳子才能拿取物品，因此适合收纳使用频率低或囤货的物品，按越往上使用频率越低的顺序进行收纳。

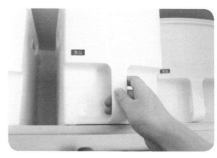

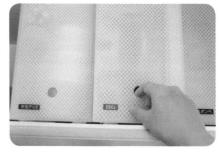

⬆ 选择带把手的收纳盒，方便取放。

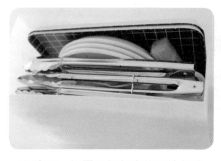

⊙ 在同一场景且低频率使用的多种物品，可组合收纳在一个盒子里，便于查找和取放。

⊙ 吊柜下方可增加辅助收纳工具，用于收纳常用用品。

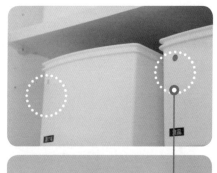

⊙ 贴标签时尽量把标签贴在下方，便于查看。

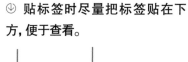

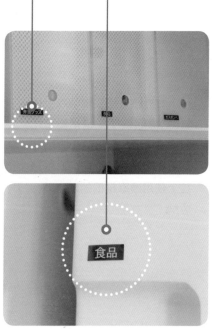

⊙ 对于高处的收纳盒，可用色标区分，物品名标注在标签纸上，贴于吊柜门内侧下方，更方便查看。

3.2.6 常温食物的收纳

最常见的常温储存的食物有杂粮干货、米面、零食和部分蔬果类,那么怎样有效又合理的储存它们呢?

1. 杂粮干货、米面、零食

⊝ 如果是独立小包装的食物,按类别用收纳盒或隔板分区收纳,更加方便查找。

⊖ 内有独立小包装的大包装物品,事先把外层大包装去掉收纳,使用时更方便。

↑ 如果是散装或大包装的食物，使用多个透明密封容器收纳，不仅查找方便，还可叠放，有效利用空间。

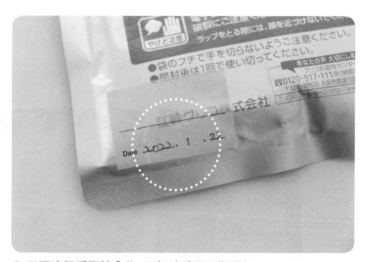

↑ 无明确保质期的食物，可标注购买日期进行管理。收纳时，按保质期由短→前、长→后的顺序收纳，可防止食物过期的现象发生。

后（不常用）

前（常用）

⊕ 根据使用频率，把最常用的食物放在最前面或最上面，使用频率越低就越往后收纳，拿取会更加方便。

⊕ 大袋的米可分装在几个小分装盒里收纳，方便拿取和清洗。在米袋里放入大米专用的防虫剂或干的红辣椒，有助于防霉或防长虫。

2. 蔬果类

↩ 对于土豆、圆葱、大蒜等根茎食物，可用报纸或厨房纸包住进行常温收纳，避免直射光，适合长期保管。

↪ 对于香蕉等热带水果，适合收纳在通风阴凉处，可以在香蕉根部包裹保鲜膜以悬挂方式收纳，来延长保存时间。

3.3　厨房其他收纳小贴士

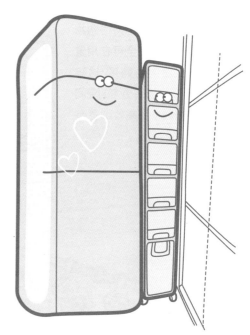

收纳小贴士 1

如果冰箱与厨柜之间有一定大小的缝隙，可用缝隙专用收纳柜或小推车来增大厨房的收纳空间。

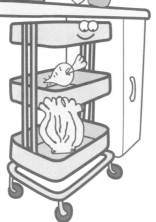

收纳小贴士 2

设立一定比例的常温蔬菜空间来满足刚购买的蔬菜的临时摆放，以及因特殊情况或节日的超量购买。

厨房日常用品囤货量无须太多,因为网络购物的便利性,完全可在用量还剩 1/3 时再购买,这样小厨房也能有更多的空间释放出来,用来收纳更有用的必需品。

收纳小贴士 ④

可在整面墙安装挂杆,这样在任何位置都可以随时增加挂钩或挂件来拓展收纳空间。

悬挂收纳法是释放台面空间的方法之一。

　　衣橱、冰箱、厨房的整理收纳我们都完成了,下面就是卫生间啦!卫生间虽然也是个难点区域,但对于能够完成前3章的你们,这已然相对轻松,让我们来看看卫生间的收纳会有哪些特别之处吧!

第4章
bath room
卫生间

与潮湿、异味、杂乱说"再见"

卫生间是每日频繁使用的空间，因其特殊性，相比其他区域更易受潮和脏乱，尤其洗手池台面与地面，需在选择收纳工具和方法上多作考量。

此区域物品不宜直接接触地面，尽量做到悬挂收纳，使之快速沥干，清洁就会更方便，更利于减轻家务负担。

卫生间收纳的常见问题：

· 家人共用的用品与私人的分区不明显，
  无法迅速找到属于自己的物品。
· 易随手乱放，干净物品与有污渍
  的物品混在一起。
· 易受潮、易出现异味且清洁麻烦。

4.1 卫生间的整理

卫生间是家人的共用区域，普遍面积有限，在忙碌的清晨，每人必须快速使用，才不会影响他人使用。要提高卫生间的使用效率，首先就要认真分类，去除不必要的物品。

4.1.1 初次分类要注意清洁剂、化妆品的保质期

卫生间物品在初次分类上要尤其注意一些清洁剂、化妆品的保质期，遇到变质、过期、霉变的要果断丢弃。

℗ 过期或日期不明的化妆品。
开封后的化妆品一般使用期限是半年（以品牌官网公布信息为准），如果化妆品到期了，还选择坚持用完，有可能会影响皮肤健康。

⊙ **严重污渍和受损的毛巾与抹布。**

毛巾是直接接触皮肤的物品，需时刻保持洁净，如果材质已磨损硬化或有少量污渍，可作为抹布二次利用，而污渍太严重的抹布已无法清洗，需要果断处理，以免细菌超标。

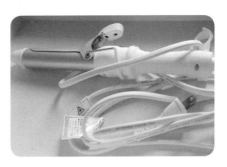

⊙ **损坏的电器。**

损坏的吹风机等有一定体积的电器，如果久置于卫生间，不仅占用空间，还会阻碍快速拿取其他物品。

⊙ **一年以上没使用的物品。**

一时冲动购买的美容美发器械等，如果超过一年没有使用，将来用的可能性也会很小。

⊙ **空的清洁剂瓶。**

清洁剂用完后，有时会忘记扔空瓶，在整理时要仔细确认。

在处理完不必要的物品后，将剩余物品进行二次分类有利于规划分区，尤其在卫生间空间狭小、多人共用的情况下，二次分类需要更加细致。

4.1.2 二次分类按物品使用场景及频率细致分

⊙ 按物品的使用场景分类，有利于分区规划收纳。

•常用洗漱用品

•身体、脸部、须发用品

浴室柜收纳分区示意图

•洗衣清洁用品

•沐浴用毛巾、吹风机

正在用

囤货
（收纳在浴室柜下）

按正在使用的物品和囤货分类，有利于按使用方便度规划收纳。

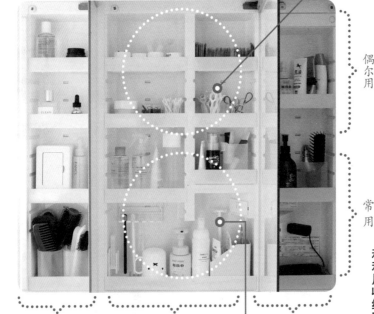

偶尔用

常用

按物品的使用频率分类，有利于有效规划和利用收纳空间。

妻子　　公共　　丈夫

按物品的使用人分类，更方便查找和取放。

按物品的种类分，有利于查找和管理物品的数量。（护肤类、洗漱类等）

4.2 卫生间的收纳部分

卫生间根据其功能，一般可分三个区域：

·沐浴区；

·洗漱区；

·其他区域。

这三个区域虽然功能不同，但它们都有一个共同点——每天都会用到大量的水。

规划卫生间收纳时，首先应考虑是否防潮防霉，之后再根据动线、使用频率等，规划收纳空间。

4.1.1 沐浴区的收纳

沐浴区主要收纳沐浴用品、毛巾类、儿童戏水玩具等物品。这里的收纳要以能快速沥水为前提。

⊕尽量选择挂式收纳。卫生间潮湿，物品与台面接触面积越多，接触部分就越容易滋生细菌、产生水垢甚至发霉。

⊙ 用于同一用途的物品，使用沥水篮集中收纳，查找和取放更方便。

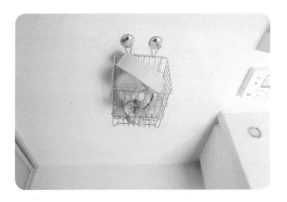

⊙ 儿童玩具按孩子的身高，收纳在孩子自己能够取放的位置，有助于提高孩子自主收拾玩具的能力。小漏斗等易积水的玩具建议倒放沥水。

⊙ 根据就近收纳原则，浴巾等物品放在沐浴区附近更方便使用。

⊖ 如果没有收纳柜，可以使用小推车之类的辅助工具给沐浴区的物品定位。

⊙ 洗澡用的拖鞋可以用拖鞋架悬挂起来，既利于拖鞋沥水，又便于地面打扫。

⊖ 淋浴区的清洁工具和清洁剂可以组合式就近悬挂收纳。

⬤ 小提示：

使用过的毛巾、浴巾和浴球尽量当天清洗，因为即使将它悬挂晾干，过一晚还是容易产生细菌，出现异味。

4.2.2 洗漱区的收纳

洗漱区可分为三个部分：

· 镜柜；
· 洗漱台台面；
· 浴室柜下方空间。

洗漱区主要收纳的物品有：洗漱用品、化妆品、清洁用品、囤货等。

可以按使用人、使用频率、使用目的进行分区、分类。

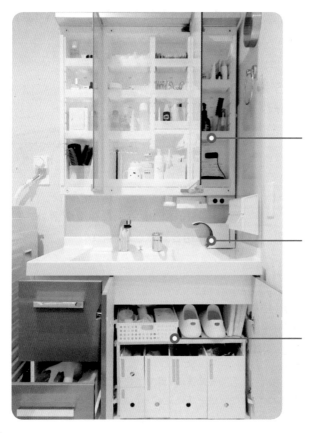

← 镜柜
主要收纳洗漱用品和化妆品。

← 洗漱台台面
物品尽量精简，采用悬挂收纳，便于清洁。

← 浴室柜下方空间
主要收纳清洁用品和囤货等。

● 镜柜：

　　镜柜是早晚用的频繁的区域，合理地规划收纳会大大提高使用效率。

・镜柜里物品繁多，采用开放式收纳会显得杂乱且易积灰。

・关上柜门后干净清爽。

⊕ 对于牙刷类用品，应避免直接接触卫生间悬浮空气中的细菌，尽量选择在镜柜中以隐藏式悬挂收纳，如果收纳在镜柜外，就应选择有遮挡的收纳工具。

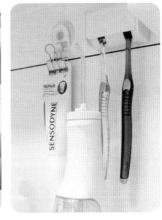

⊕ **按使用人的不同把镜柜分为家庭成员共用的区域与个人区域。**

把家人共用的物品集中收纳在一个区域, 而把各自使用的物品收纳在属于各自的区域里。这样不仅方便查找, 也方便各自管理和使用。

·属于全家人的公共区域。

·属于妻子的私人区域。

⊙ **按使用频率的高低分区收纳。最常用的物品放在镜柜底部或容易取放的位置。**

使用频率少的放在眼睛以上或不容易取放的区域。

不常用

常用

⏲ **对于小物品，可用收纳盒集中收纳，取放方便。**使用盒子收纳可避免在取用其中一物品时触及旁物，同时便于清洁，在视觉上也显得更整洁舒爽。

tips：选择收纳盒时，高度比内置物品低的盒子，会更方便拿取。

⏎ **抽纸类物品可用壁挂式收纳盒，倒挂收纳。**

● 洗漱台台面：

　　台面是容易藏污纳垢的地方，台面放置过多物品，就会增加清洁负担；而物品越少，越易清洁。

⊙ 牙刷若长期处于潮湿状态，就容易产生大量细菌。不同使用人的牙刷的刷头要注意避免相互接触，牙刷是私人口腔用品，刷头的碰撞不利于个人的健康。

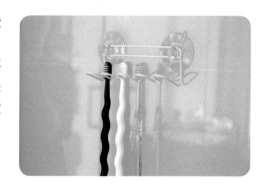

⊕ 漱口杯应隔空倒置收纳，便于沥水，且更卫生。

⊙ 香皂可用专用收纳工具挂式收纳，也可以用带沥水网的香皂盒收纳，沥水网既可吸水，也可使香皂底部有通风的空间，有效避免香皂底部被水溶化。

● 浴室柜下方空间：

　　根据管道位置与浴室柜下方的空间大小选择适合的收纳工具，并灵活组合，可以有效地增大收纳容量。

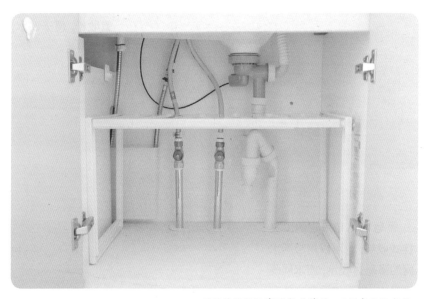

tips：利用伸缩隔板穿过各种管道，可提高收纳容量。

⊖ 分前、后收纳。前方收纳正在使用中的清洁剂等，后方收纳囤货。

⊙ 分上、下收纳。上方收纳使用次数频率高的物品，下方收纳使用次数频率低的物品。

⊙ 利用伸缩杆收纳除霉喷剂等带喷头的可以挂的物品。

⊙ 利用文件盒集中收纳囤货，方便取放，也能更清楚地掌握目前拥有的数量。在文件盒底部贴上滚轮，以方便拿取重的物品。

各种清洁剂的囤货。

牙刷、棉棒等洗漱用品的囤货。

⊛ 按使用目的把囤货分为清洁用品和洗漱用品，更方便查找与管理各类囤货。

⊛ 小物件采用收纳盒进行集中收纳。

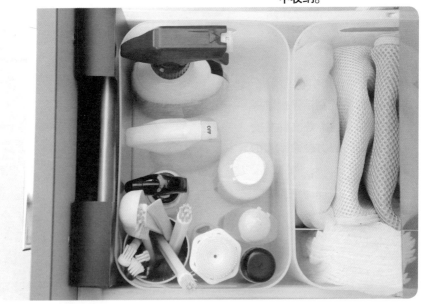

↪ 对于吹风机等家电, 可在镜柜或抽屉里以隐藏式收纳, 也可用电吹风架悬挂收纳。

客人用 —————○　お客さん用

父母用 —————○　パパ·ママ用

孩子用 —————○　りな用

↩ 物品种类相同, 但使用人不同时, 可以用标签明确其物品的主人, 以示区别。

购买囤货时也要考虑空间和物品的大小, 否则物品无法进入预设空间, 造成杂乱现象。

● 小提示:

只要有促销活动, 就会使人产生购买冲动而大量囤货, 导致因购买过多而无法管理的现象发生。我们可用空间限定法, 即限定囤货收纳区或收纳盒的空间, 以限制我们在冲动购买时的购买量。

4.2.3 其他区域的收纳

⊕ 洗衣机四周是很好的收纳空间，把带磁性的挂钩、挂篮等粘贴在洗衣机侧面，可以收纳刷子、洗衣网和洗衣用品等物件。

· 洗衣液、洗衣槽清洁剂等物件可收纳在洗衣机周围，以方便使用。

↩ 若浴室附近有足够的收纳空间，可将换洗的内衣就近收纳。注：衣服按使用人进行分类收纳，更方便查找和取放。

↑ 在选购卫生间的收纳工具时,需要考虑收纳工具的材质,尽量选择不易发霉的塑料收纳盒或者不锈钢收纳篮。

→ 如果收纳空间不够,小推车就是很好的收纳工具。其不仅可以根据使用者的需要自由变换位置,还可在小推车四周增加挂钩挂件,更有效地利用空间。

⊕ 马桶周围隐蔽处贴上挂钩, 可悬挂沥干的马桶刷, 更便于取放。

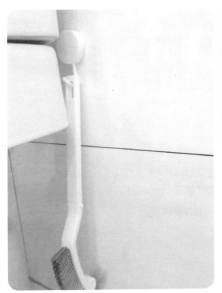
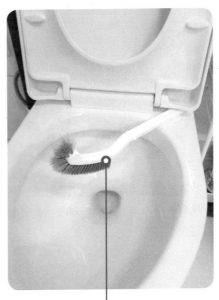

·马桶刷可以夹在马桶盖上沥干。

⊕ 对于女性的生理用品, 可用不透明收纳袋或盒进行收纳, 以免客人在使用卫生间时感到尴尬。

⬅ 对于在浴室内使用的盆，应尽量悬挂放置，也可以选择使用折叠盆来节约空间。

⬅ 若收纳空间不够，可以利用缝隙收纳工具收纳洗衣液和清洁工具等。

➡ 卫生间要学会采用纵向空间收纳，比如马桶上方或者洗衣机上方，都可以用多层置物架来增加有限的收纳空间。

衣橱、冰箱、厨房、卫生间四大难点区域的整理，在我们的努力下都顺利结束了。现在再看看我们的家，是否有了很大的改观呢；衣橱收放有序、冰箱井井有条、厨房动线流畅、卫生间也不再潮湿混乱，我们的整理能力都得到了极大的提高；那我们再一鼓作气，把剩下的几个区域一起完成吧。

先来把家的门面－玄关整理好，让进门的那一刻心情更加舒畅。

第5章
Vestibule
玄关

小而精致的区域就是这里

玄关给人的第一印象非常深刻，同时也是发生危险时我们逃生的重要出口之一。因此合理到位的玄关整理收纳，除了给首次造访者留下好印象外，也起着保护家人安全的重要作用。

玄关的常见问题：

- 鞋子堆放杂乱，影响出入。
- 无法立刻找到需要的鞋。
- 钥匙等必备小物件凌乱散落于四处。
- 当季和换季鞋、家人和客人用拖鞋混合乱放，分区不明。
- 有异味，雨天易脏，清洁起来较麻烦。
- 鞋保管不当，材质受损发霉。
- 换下来的衣物随意堆放。

5.1 玄关的整理

玄关是进门口大约 2~3 平方米的地方，很多家庭会把帽子和鞋子放在这个地方。这里以鞋为例。鞋是我们生活当中必不可少的消耗品，每个消耗品都有它的使用期限。鞋子穿久了会变形、破损，因此需要处理掉那些不再适合穿着的鞋，以便腾出更多的空间来收纳那些品相好的、还能穿的鞋，让鞋柜更加整洁。

5.1.1 将严重变形、不合脚的鞋子初次筛选出来

鞋子的初次分类比较简单、明确，即拿出所有的鞋子，果断处理掉污渍严重、变形、不合脚、不舒适的鞋。

⊜ 穿得太久且明显变形的鞋。
穿变了形的鞋会影响走路的姿势，时间久了还可能会影响体型。

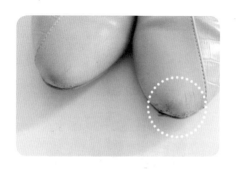

⊜ 材质受损或发霉严重的鞋。
材质严重受损或霉变程度较深的鞋，无法修复，便可弃之；若留着，则只会成为垃圾，甚至无形中还会影响到其他鞋的材质。

⊝ 因为穿着不舒服而一直闲置的鞋。
有些鞋穿过几次后并不合脚，甚至会磨破脚跟，但因为是新鞋或喜欢又舍不得舍弃，在狭小的鞋柜内，它们还占用收纳空间，反而能穿的鞋不能收纳而散落在玄关各处，显得凌乱不堪。

·后跟很硬且经常磨破脚部的鞋，即便很新也要果断丢弃。

⊙ 已经变小了的孩子的鞋。
孩子的成长很快, 很多鞋常常
会没穿多久就不合适了, 如果
觉得浪费而勉强让孩子穿, 那
会影响孩子脚的正常发育。

⊖ 为客人准备的大量旧拖鞋。
有的家庭把家人穿旧的拖鞋洗完
后作为客用拖鞋, 如果拖鞋过于
破旧, 即便清洗过, 客人仍然会以
为拿出来的是脏鞋而感到不舒服。
若客人不是经常来, 留大量的拖
鞋只会占用收纳空间, 而真正需要
收纳的家人的鞋却无处可放。

tips: 可以购买质量较好的一次性拖
鞋, 用来招待小住几天的客人。

只是短时间停留
的客人可以选择使
用鞋套。

5.1.2　按季节、频率和穿着者对鞋子进行分类

在鞋柜内无法立刻找到需要的鞋,大部分原因是因为没有进行适当的分类造成的,若分类合理,不仅能减少取放鞋的时间,还有利于规划整个玄关的收纳空间。

⊖ 按季节分类。
不要把当季的和换季的鞋混合在一起,明确分类后可以大大减少寻找当季鞋的时间。

・换季鞋

・当季鞋

⊙ 按鞋的主人分类。

按鞋的主人进行分类更方便查找和取放，
也方便各自管理各自的鞋，还能让鞋的主人
更容易了解自己鞋的状态和数量。

•孩子的鞋

•男主人的鞋

•女主人的鞋

→ 按使用频率分类。
根据穿鞋频率，可以把鞋分为每天穿、偶尔穿和特殊场合穿三种类型。这样分类更容易确定每双鞋适合的收纳位置。

· 每天穿　　· 特殊场合穿　　· 偶尔穿

⊕ 如果鞋的数量多，也可按种类或场合分类。按照鞋的种类可分为布鞋、运动鞋和皮鞋等；若按使用场合可分为平时出门用、运动用和上班用等。这样更方便查找和取放。

· 上班穿皮鞋

· 日常休闲鞋　　· 其他场合用鞋

5.2 玄关的收纳

5.2.1 鞋的收纳

了解男女鞋的普遍尺寸。

鞋的摆放位置和收纳方法,直接影响出入的便捷,甚至会影响到鞋柜的收纳容量。

规划玄关收纳区时,我们不仅要了解它的各区域,还需了解男鞋与女鞋的普遍尺寸。掌握它们的长短、高矮尺寸,在规划收纳空间或选购收纳盒时,就能大致、快速地计算出空间的容量。

· 上部用于收纳换季鞋。

☺ 按取放鞋的方便程度,依次把鞋柜分成上、中、下三个区域;把当季常穿的鞋收纳在取放方便的中间区域和下方区域;把换季鞋等暂时不穿的鞋收纳在不易取放的鞋柜上方区域。

· 中下部用于收纳当季鞋。

·妻子的鞋

·孩子的鞋

⊖ **按鞋的不同穿着对象,划分属于各自的区域,便于查找。比如先生的鞋、妻子的鞋、孩子的鞋、老人的鞋等区域。**

·先生的鞋

⊖ 按使用频率的不同,把最常穿的鞋收纳在最易取放的位置。如果鞋柜是双开门的,那么中间位置比两侧更易取放;如果鞋柜是推拉门或单开门的,则边侧位置最佳。

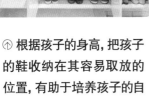

⬆ 根据孩子的身高,把孩子的鞋收纳在其容易取放的位置,有助于培养孩子的自主收纳意识。

⬆ 根据鞋柜的收纳空间,可使用适宜的伸缩杆或伸缩板来增加收纳容量。

⬆ 进深较浅的鞋柜,可以使用伸缩杆斜放,斜放时需注意鞋尖。

⬆ 对于不常穿的拖鞋和比较狭薄的鞋,可以利用文件盒进行竖立收纳。

⊖ 充分利用鞋托架收纳, 可上下收纳同一双鞋; 也可将两个鞋托架并排上下收纳, 上层收纳正在穿的, 下层收纳不常穿或换季的。

⬆ 鞋柜门与鞋柜隔板之间若有足够的空间, 门板内侧可增加免打孔挂杆来收纳拖鞋等。

⊖ 鞋柜如无法收纳所有鞋, 可把鞋分成当季和换季两类。其中, 当季鞋收纳在常用鞋柜, 换季鞋可另外收纳在一个位置。如果当季鞋量经过整理后依旧超过鞋柜容量, 可根据玄关空间及鞋量另外添置适合的鞋架来增加玄关的收纳空间。

tips: 如果鞋柜容量不够大, 在收纳了大人的当季鞋后就没有多余空间来收纳小孩的, 可另外购买换鞋凳来专门收纳小孩鞋, 也便于孩子学会自主管理属于自己的区域。

5.2.2 其他物品的收纳

⤶ 把钥匙、出门随身携带的纸巾、口罩、雨伞、儿童户外玩具等小件物品集中收纳在容易取放的固定位置,可以有效防止随意乱放,避免找寻困难,也方便管理。

tips: 也可以利用多个成排小收纳盒及挂钩等进行开放式收纳。注意: 收纳用品在颜色、体积大小上的应统一。

·可以收进柜子中隐藏收纳。

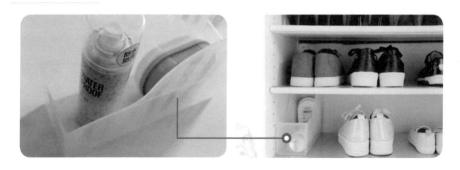

⤊ 根据就近收纳原则, 维护鞋类的工具或清洁剂, 收纳在一个容器中, 放在鞋柜里更方便使用。

•除了鞋类维护工具, 鞋垫甚至出门穿的袜子都可以集中收纳在鞋柜中, 大大缩短出门的准备时间。

•鞋类清洁保养产品

•鞋垫

•袜子

⤎ 一些防护应急用品用应急箱集中收纳在玄关处, 在突发意外时也能快速应对。

Ⓒ **玄关位置不足的情况下，隔夜衣可以用分级收纳的方式解决。** 外套大衣一类收纳在玄关处，裤子和内穿衣类可以在卧室内规划出专用位置，家居服类在床头设置衣物篮，或在卧室门背后设置挂钩收纳。

• 一级收纳：
帽子、包、外套、大衣类收纳在玄关处。

• 二级收纳：
裤子和内穿衣可在卧室内规划出专用位置。

• 三级收纳：
家居服类在床头设置衣物篮，或在卧室门背后设置挂钩收纳。

5.3 鞋的清洗方法

　　外出回到家后，用毛刷去除鞋上的污垢后，再用酒精喷雾对鞋底进行简单消毒。若穿的是皮鞋，则用皮鞋专用刷去除浮尘后，再刷上皮鞋保养油，鞋内放置去味产品或喷消毒除味喷雾，最后收进鞋柜。

　⤵ 刷掉泥沙。

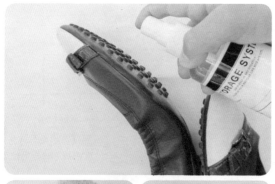

　⬅ 喷酒精消毒。

　⬆ 刷掉浮尘。

　⬆ 擦皮鞋保养油。

　⬆ 在鞋内放入除味丸。

如果鞋帮或者鞋面有特别脏的污垢，可用鞋类清洁湿巾擦除。

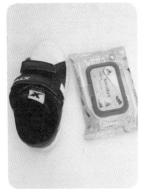  

↑ 拿出擦鞋专用湿巾。　　　↑ 湿巾清洁。　　　↑ 擦除中。

↑ 清洁后。

虽然不能做到彻底清洗干净，但省时省力。

如果布面鞋不小心沾染了严重污渍，可是第二天还要穿，这时可用布艺干洗剂、衣物去斑剂或衣领净来解决。具体方法如图中所示。

⤴ 用容器接一点温水，喷上衣领净进行稀释。

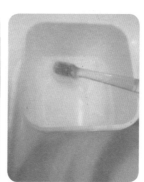

⤴ 用小牙刷蘸取稀释后的衣领净。

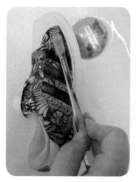

⤴ 将污渍部分刷除后，再用清水刷去衣领净残留。刷的时候鞋内侧可以垫一些吸水纸。

⤴ 用电吹风的温风挡吹干。

5.3.2 换季时,鞋要按照不同材质采用不同的清洁方法

运动鞋或一些布面鞋是可以洗刷的。其清洁方法: 先用布艺干洗剂或衣领净稀释液刷除重点污渍, 清水刷去清洁剂残留, 再用中性洗衣液清洗干净, 在晾晒须包裹卫生纸, 以防止鞋面变黄。

对于不能完全进水洗刷的鞋,可先刷洗底部和鞋边沿,顽固污渍可以按照图中所示的步骤操作。

↑ 清洁前。

↑ 刷完底, 用纳米海绵蘸取牙膏擦除。

↑ 清洁后。

↑ 在鞋内喷消毒去味喷雾。

↑ 置于阴凉处晾干。

↑ 鞋刷去除灰尘。

↑ 刷干净鞋底。

　　皮鞋用皮鞋专业刷或羊毛刷刷掉灰尘后，清洁干净鞋底鞋帮，皮面部分用专用清洁剂擦掉污渍，最后刷皮鞋保养油，内部再喷除菌去味喷雾，在阴凉处彻底晾干，最后放上鞋撑和除味包收纳起来。

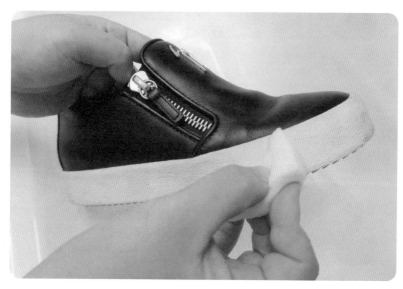

↑ 纳米海绵蘸取牙膏清洁鞋帮。

↑ 用海绵蘸取鞋类保养油保养皮面。

↑ 用消毒去味喷雾喷鞋内部。

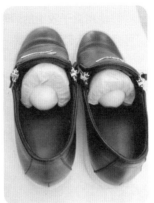

↑ 在阴凉处晾干。　　↑ 放入鞋撑和除湿去味包后进入收纳环节。

5.4　鞋类收纳小贴士

鞋类保管

收纳小贴士

　　尽量避免使用不透气的盒子收纳。如果环境潮湿而鞋盒材质又不透气，就很容易滋生细菌、霉菌和异味，鞋的材质就会受损，同时还会影响到在同一空间收纳的其他鞋。

收纳小贴士

　　使用盒子收纳的同时放入除湿剂，可有效防止鞋受潮发霉。

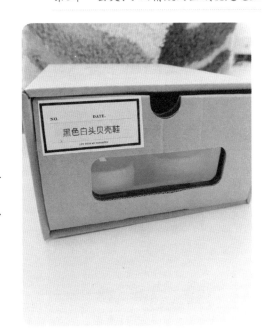

收纳小贴士 3

在不透明的收纳盒子上贴上标签，或贴上鞋的照片，更方便查找和管理，可减少每次打开盒子确认的次数。

收纳小贴士 4

容易变形的鞋若较长时间不穿，在收纳前放入鞋撑可以防止鞋变形。对于比较高的靴子，除了使用靴子专用形状棒外，也可以将废旧的杂志卷起来放在里面，有利于保持靴子的形状。

收纳小贴士 ⑤ 　　收纳小贴士 ⑥

长时间不穿的鞋需要定期
检查，时常拿到阴凉处晾晒，
可以有效避免生霉。

尽量选择透气性好、通风
性强、不潮的空间收纳换季鞋。

tips: 换季鞋收纳在干燥通风的高处。

若玄关地面散落大量鞋，
会让玄关看上去杂乱不堪，同
时无法迅速找到所需。若地面只
保留每人一双鞋，不仅看上去整
洁，也会减少出门时找鞋和穿
鞋的时间。

玄关顺利完成后，我们来到客（餐）厅区域。

这可是家中面积最大的区域，它是连接房间、厨房、卫生间的"必经之路"，将其"打通脉络"，整理到位，才能让家更井然有序。

第 6 章

Living room

客（餐）厅

舒适放松不混乱
才是家的灵魂中心

客（餐）厅是全家人的共用区域，也是放松身心、增进交流的空间。但也因为是多人共用的区域，不及时进行整理，物品就会散落在各处，本该舒适的放松空间却成了令人烦躁的地方。

客（餐）厅的常见问题：

- 随手乱放的物品散落在各处。
- 常常找不到遥控器等多人共用的物品。
- 餐桌或茶几上堆满了容器和散落的小物。
- 各种家电的电线缠绕在一起。
- 沙发底部等清洁死角落满灰尘。
- 儿童玩具散落在各个地方。
- 电视柜抽屉成为小物件的聚集地。

6.1　客(餐)厅的整理

客(餐)厅的物品很容易随手乱放,有的家庭还会囤积各种日常用品、药品。在这个区域,如果不及时清理掉不必要的物品,很快就会成为到处堆满"垃圾"的空间,不仅影响日常生活,还会潜藏很多安全隐患。

6.1.1　客(餐)厅物品多,舍弃不必要的物品会提高日常生活心情指数

客(餐)厅的物品种类比较复杂,有餐厅的也有客厅的,可能会有其他多个区域的物品会借用此部分空间,所以在整理上要细致些,分类要更加明确。首先要与其他区域一样进行初次分类,即舍弃掉不必要的物品。

⊝ 舍弃现在没用、将来也不会用且一直闲置着的物品。

这些物品有的是完好的,但自己却完全用不到,留着只会占用有限空间,及时处理才是上策。

⟨↑⟩ **丢弃没有保管价值的信件或资料。**

有一些资料在阅读后就失去了价值，但常会随手一放就忘却，与有用的混杂在一起，越积越多，无法分辨有用与否，所以要定期清理这部分的内容，没用的及时丢弃。

零食也一样，尤其孩子不懂保质期的概念，直接入口，影响健康。

⟨↑⟩ **扔掉过期了的药或零食。**

这部分尤其要注意，若食用了过期的药或零食，对健康无益。

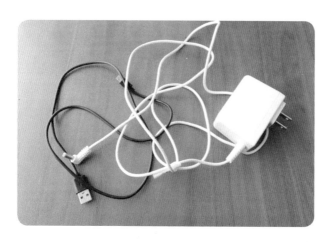

⬆ **处理掉已没有对应电器的数据线。**

很多数据线对应的产品已更新换代了，但数据线却还保留着，在再三确认后，可将无用的及时处理掉。

⬆ **属于其他区域的物品。**

从其他区域拿到客厅使用的物品，用完后要及时归位，不要随手放置，如果每次都随手一放，不仅空间会变得混乱，且在下次再使用时不易找寻。

6.1.2　将不同物品做好分类并就近收纳

在对客（餐）厅进行二次分类时需要注意的是：仔细区分物品使用的地点，客厅和餐厅要针对性分开，就近原则要牢记，不然动线拉太长就很难复位。

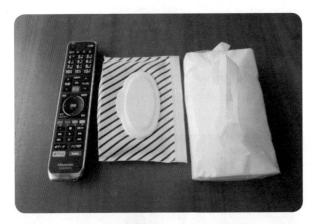

⊖ 按使用地点分类，在同一地点使用的物品，集中收纳更方便查找和使用。

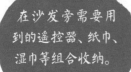

在沙发旁需要用到的遥控器、纸巾、湿巾等组合收纳。

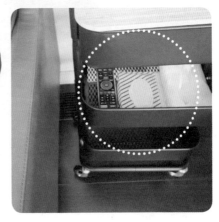

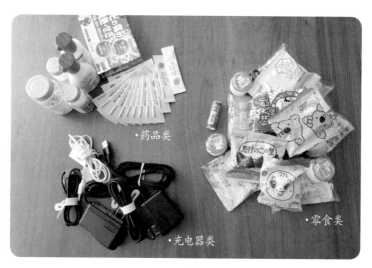

⊕ 按类别分类可分为零食类、药物类、日常囤货和充电器类等, 更方便查找。

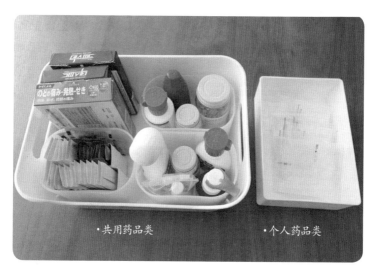

⊕ 药品等可按食用人员分, 可分为家人共用与个人用, 这样不易混乱, 使用时一目了然。

6.2 客(餐)厅的收纳

客(餐)厅收纳最重要的一点，是在此公用区域能迅速找到每个人急需的物品，充分、灵活运用展示和隐藏两种收纳方式来提高客(餐)厅的视觉效果。

⊜ 根据区域功能划分，可分为：放松区、囤货区、各类工具收纳区等区域。明确区域更有利于缩短动线，便于物品的查找和取放。

·放松区

·工具及零碎物品集中收纳区

·囤货区

·沙发区域用到的软装全部收纳在茶几下。

↑ 就近收纳, 物品在哪里使用, 收纳就在哪里设置。

↑ 使用伸缩杆或魔术贴在餐桌底部收纳抽纸, 可以减少餐桌上的视觉干扰, 看上去更整洁, 使用也方便。

· 餐桌旁的餐边一体柜。

⊖ 如果习惯在餐桌旁打开信件
或快递，可将使用到的笔、剪
刀等收纳在餐边柜，这样会更
方便。

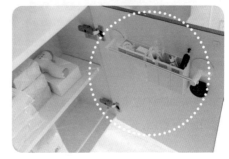

⊕ 可在餐边柜设置收纳零食的专门区域。吸管、密封袋、小夹子等与零食相关的物品也一并收纳在这个区域，利于取用和管理。

⊕ 在客（餐）厅常看的书籍和一些只需短时间保管的纸张类物品，应收纳在餐边柜或常用的位置，拿取会更方便。

⤶ 如果家中有幼儿, 玩耍时, 大多在客厅, 那玩具和部分绘本可以在客厅设立适合儿童的专门区域, 方便孩子使用, 也更易养成物归原位的习惯。

⤷ 给物品固定收纳位置, 不仅能有效防止物品的丢失, 还有助于家人养成物归原位的习惯。

tips: 额温枪应设一个固定位置来收纳, 在使用时就不会忘记放哪儿了。

⊖ 每天需吃的药品、营养补充剂等，如果收纳的位置过于隐蔽，容易被遗忘；而收纳在餐桌或饮水机等与之相关连的位置旁，可以防止遗忘。

· 每日的维生素D，收纳在饮水机旁。

⊖ 对于常用的数据线，应收纳在日常使用的位置；对于偶尔用到的数据线，则用绑带各自捆绑后写上用途，再集中收纳在收纳盒内，并放置在电视柜等抽屉里，需要时查找更方便。

◉ 利用美观的收纳工具,不仅能提高收纳量,还能同时提高客(餐)厅的时尚美感。

·藤草的收纳材质使空间充满自然的气息。

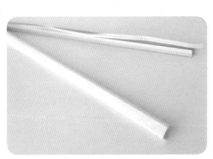

◉ 用电线遮挡条隐藏电视电线等可以减少视觉干扰,整个客(餐)厅看上去会更整洁。

⊖ 若客(餐)厅收纳空间不够,可以用小推车等使用方便的辅助工具来增加收纳空间。

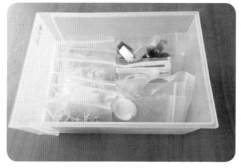

⊖ 对于不常用的小物件,利用密封袋竖立收纳,贴上标签更方便查找和取放。

⊖ 在电视背面贴上挂钩,可以用于收纳电视屏幕清洁纸巾或除尘弹等,以及随时需要用的清洁工具。

◎ 小提示:

如果孩子的游戏空间以客(餐)厅为主,可划分一块专属区域,区域内由孩子自己做主,但其他区域的物品属于家人共用,不能随意乱放乱拿而影响他人的使用。

这样不仅有效防止孩子随处乱放物品,还有助于培养区分私人和共用区域的不同,让其渐渐学会公共场所需遵守的规则。

完成客（餐）厅的收纳后，我们来看看书房吧!

我们把书房分成两部分，一部分是书籍文件类；另一部分是办公用品杂物类。这样大家可以根据需要整理，书房的收纳很简单，只要注意分类细致，定位明确就不易复乱。

第7章

Study

书房

让每本书和每支笔都有自己的家

书房较特殊，对办公、读书有要求的家庭，一般会安排独立书房；而对于其他家庭，此区域可根据需要融入客厅、卧室等空间。但不管独立与否，书房的基本要素一致，一般包含书籍类、纸张类、文件类、电脑类、办公用品文具类。

书房收纳的常见问题：

· 常用与偶尔用无分类，随意放置使得再次使用时耗费大量时间找寻。

· 说明书等没有集中管理，常找不到。

· 书摆放混乱，常被装饰品遮挡。

· 过期失效的文件类占据有限空间。

· 文具类没有很好的分类，随意堆放。

· 有用无用的数据线混杂在一起。

· 细小物件如别针、图钉等无集中收管。

· 桌子被大量物品占据，影响工作效率。

7.1 书房的整理

7.1.1 书籍、杂志、文件作为我们精神世界的一部分, 要如何整理?

有的书读了就很少再翻开看, 甚至有些书是从未看过的。

还有些文件有保管期限, 期限过了, 其价值即会消失。

如不定期审视它们, 各类物品很容易混杂, 想要找到某本书或某份文件, 需耗费大量的时间精力, 甚至还可能丢失。

1. 初次分类

把过期的、无价值的、不再阅读的书籍文件整理出来果断处理。

⊙ **过期的杂志。**杂志会定期发行新刊，越是新刊，里面的信息越新。如果不把旧刊处理掉，久而久之，大量的旧杂志会占用很多收纳空间，导致真正需要收纳的书籍无处摆放。

◎ 解决方法：

把想要留下的信息页面剪下来，利用文件夹集中保管，剩余的处理掉。

孩子出生前看的书，长大后再也用不到了。

⊕ 已无收藏价值的书：有些书看过一遍就没兴趣再看第二遍，即使留下也只会占空间。这类书可以及时处理掉，把更多的空间留给新书或有收藏价值的书。

● 解决方法：二手出售、送人或捐赠。

⊕ 过了保管期限的文件类：过期维修卡和已经没有对应电器的说明书，留下来没有任何用处，需要及时丢弃。

● 解决方法：果断丢弃。

2. 二次分类

把初次分类留下的书和文件
进行二次分类,利于查找和取放。

⊙ **按类别分类。**

根据自己查找方便的方法分
类,比如可以按文学类、杂志
类等进行分类,也可按育儿
类、园艺类等目的分类,寻找
更方便。

·园艺类

·艺术文学类

⊙ **按大小分类。**

根据书的大小进行分类。比如
按 A4 纸大小和 B5 纸大小等分
类,看上去更整齐。

⊍ 按读者分类。

根据使用者进行分类。比如妻子和先生的书分开收纳，更方便各自查找。

•先生常看的书

•妻子常看的书

⊍ 按作者、国家分类。

根据作者分类，在寻找每个作者的书籍时就可以快速定位。按国家分类收纳，其效果也是一样。

•英美文学

•德国文学

↑ **按系列分类。**

有的书虽然作者不同,但属于同一个出版社的同一
系列,这也可以作为一个分类方式,来加强定位管理。

↙ **杂志按时间分类。**

根据出版日期分类,有助于掌握最
新版,也有助于判断是否需要留
下旧版。

↪ **说明书、文件类按内容分类。**

如有关房子、保险的文件、电器说
明书、医疗档案等分别收纳,方便
查找。

7.1.2　办公用品和小物件用着用着就找不到了

　　这类物品不仅体积小而且类别多，如果不进
行认真分类就会混乱不堪，使用起来极其不便。

1. 初次分类

　　把用不到的、过期的、损坏的、用完的、无配对的，
整理出来处理。

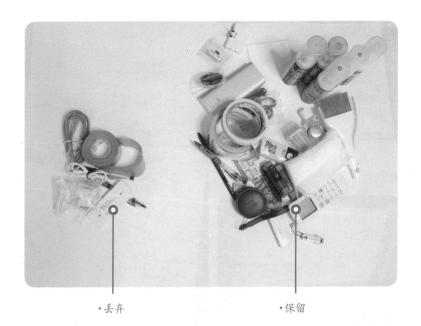

·丢弃　　　　　　　　　　·保留

⊕ 处理没用的数据线。打印机已经更新换代了,但与旧打印机配套的一些数据线还保留着,并和一些正在使用的混在一起,占用空间。

⊕ 用完的水笔、胶水、黏性不好的胶带、过期的打印墨水、损坏的小工具等。

　解决方法:直接丢弃。

　解决方法:整理出全部数据线,分成经常使用、偶尔使用和丢弃三部分,把不需要的果断丢弃。

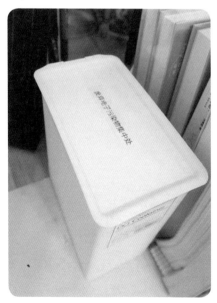

⊕ 损坏的 U 盘、读卡器、充电电池等。

　解决方法:可以准备一个污染物收纳盒专门收纳此类物品,集中起来定期丢弃。注意:在丢弃此类物品时,一定要扔进专门的回收箱,避免电池、电子类污染环境。

2. 二次分类

把初次分类留下的物品进行二次分类，对这些小件物品进行分类尤其需要细致，每个品类都尽量固定位置收纳，以免在使用时因物品小、杂乱而难以找寻。

②数码类(数据线、充电产品、U盘、各类存储卡、耳机等)

③耗材类(打印墨水、标签机打印带等)

④清洁产品类(屏幕擦拭纸、酒精、纸巾、维修小工具等)

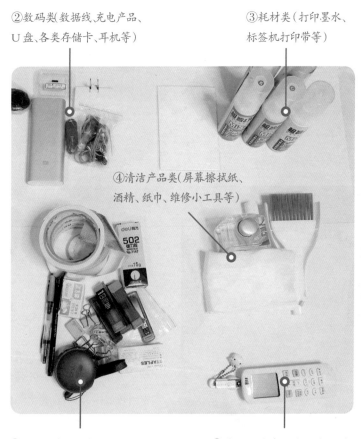

①文具类(包括笔、橡皮、胶水、卷笔刀、订书机、剪刀等)

⑤其他可能在这个区域用到的物品(护手霜、指甲剪等)

7.2 书房的收纳

7.2.1 书籍、杂志、文件收纳的重点及方法

·展示收纳的书籍。

在对书籍、文件等进行收纳规划时需重点考虑以下三点：

① 方便寻找；
② 便于取用；
③ 能及时放回原位。

↪ 既可以进行展示收纳，也可以进行隐藏收纳：即展示自己喜欢的，剩下的则进行隐藏。

·隐藏收纳的书籍。

⊕ 有关工作或房子的文件类，虽然不经常看但很重要，可利用收纳盒各自集中收纳。

⊕ 对于每个家电说明书和维修卡，可采用组合的方式进行收纳。具体方法：利用文件夹竖立收纳在一个文件盒里，贴上电器的名称，方便查找和取放；而对于部分说明书，可利用电子版更节省收纳空间。

⤊ 一些类似相册之类的有纪念价值但很少打开看的纸质纪念品，可集中收纳在一个箱子里，贴上标签，放在不常用的地方，也可以做成电子相册进行保管。

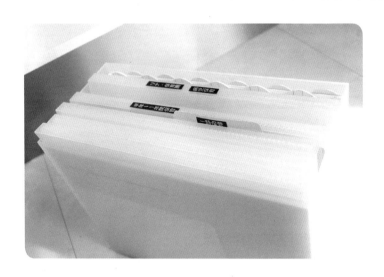

⤊ 翻开内页才能知道内容的文件需要贴上标签，制定一个再次审视的期限，到了规定期限已没有保管价值，或过了保管期限的文件就直接处理掉。

7.2.2　办公用品和小组件要考虑集中管理和就近收纳

　　这类物品在收纳的时候，最重要的是要遵循集中管理和就近收纳原则。

tips: 文具类收纳在书桌下最方便的抽屉里，常用的笔等收纳在桌面。

⊙ 根据自己的使用习惯和就近收纳原则，规划好收纳位置。

·数码类物件靠近主设备,
避免因为距离太远而导致
拿取不便。

·耗材类物件应靠
近打印机的位置收纳。

·清洁类物件应用
收纳盒集中收纳,
摆放在容易拿取的
位置。

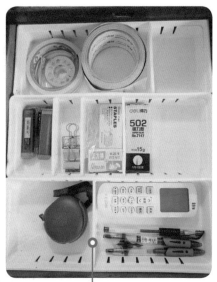

◔ 可以利用分隔板、小收纳盒、密封袋等分类放置在收纳盒中，以固定收纳位置。

·带分隔板可调节收纳盒。

·密封袋收纳小件物品。

↑ 利用好标签，有些物品在视觉上容易产生杂乱感，若用不透明收纳盒收纳，在视觉上会比较整齐，因此标签尤为重要，有的数据线长相类似，更需要标签注明，这样在找寻时就会一目了然。

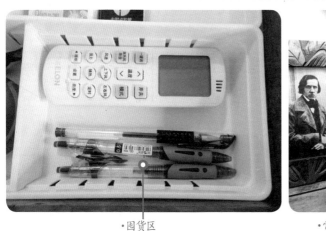

·囤货区

·常用区

⬆ 对于笔、橡皮、胶带等损耗较快的物品,可以设立常用区和囤货区,来避免混在一起而显得杂乱不堪。

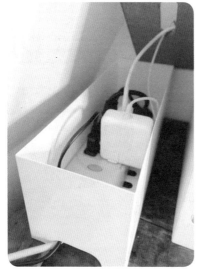

⬆ 对于与计算机相关的电源线,可用电源线收纳盒集中收纳以免显得凌乱。

·将电源线收纳盒放置在角落。

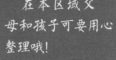

在本区域父母和孩子可要用心整理哦!

对于没有孩子的家庭来说,整理完书房就全部结束了,但对于有孩子的家庭,儿童房可是相当重要的一部分,这里还涉及了亲子收纳的概念,不同年龄的孩子,整理和收纳都有其特殊性,所以儿童房的整理收纳也和孩子一样,在不断地成长与变化。

第8章
children's room
儿童房

收纳这件事,孩子能做得更好

儿童房承载了孩子的无限想象,也是见证其成长的空间。合理规划它,不仅能提高孩子独立生活的能力,还对其思考、观察、判断和选择大有裨益。随着孩子的成长,儿童房也需不断进行适当的调整,这个过程也是父母与孩子增加交流、了解的重要机会。

儿童房收纳的常见问题:

· 分区不明确、位置不适合,孩子无法自己收拾房间。

· 玩具、绘本太多,地面四处散落。

· 孩子无法做到独立穿衣,不能自行把洗晒好的衣服放回原位。

· 小物件多,清洁需花费大量时间和精力。

8.1 儿童房的整理

8.1.1 孩子的衣物按照不同分类整理

随着孩子快速地成长，许多新衣物没穿几次就不合适了，但因衣服尚好，大人不舍丢弃；久而久之，有限的衣橱空间被大量衣物塞满；此时，不仅孩子无法做到自己取放，就连大人也很难快速找到急需的衣物。

和成人衣服一样先进行四项分类。

1. 初次分类

将衣物分为以下几类
(1) 舍弃；
(2) 处理(送人或卖掉)；
(3) 暂留；
(4) 保留。

⊖ 尺寸不合适的衣物。孩子的成长是很快的,每季都会出现很多第二年无法穿的衣服。如果一直保留,不仅占用衣橱空间,还须耗费精力去整理。

◎ 解决方法:

① 送给需要的亲友。

② 通过二手平台卖掉。

③ 捐赠。

④ 有特殊意义的,可拍照或留数件留念。

⊕ 污渍严重或材质严重受损的衣服。

孩子的衣服易脏,多次清洗也无法去掉污渍的衣物,或材质严重受损的,建议及时清理,满身污渍或破旧的衣服,想必孩子自己也是不愿意穿的。

◎ 解决方法:

① 直接丢弃。

② 当抹布用完处理。

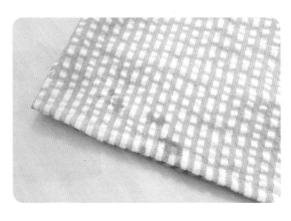

•材质磨损穿着不舒服的二手衣服。

☺ 污渍严重、影响舒适感或不喜欢的二手衣物。

二手衣物因不喜欢其款式或有污渍而不想给孩子穿,但直接处理掉又觉得愧对别人的好意,因此一直保留,导致家里堆满这些不穿的二手衣。

🔵 解决方法:

① 款式不喜欢但较新,可转送给需要的人。

② 有污渍或材质受损的可丢弃。

③ 委婉地拒绝,也是减少不要物品的有效方法。

⤵ 孩子不喜欢或拒绝穿的衣物。

每个孩子都有自己的喜好,若孩子不喜欢或拒穿的衣服,而家长觉得好看而强迫孩子穿,则会对孩子心理产生不好的影响。

对于孩子始终不喜欢穿的衣物,给它找个新的主人,对孩子、对衣服都是很不错的选择。

🔵 解决方法:

① 二手转卖。

② 送给真正需要的人。

2. 二次分类

与成人衣物的整理方式相同,对四项分类后保留下来的部分需进行二次分类。

·暂时嫌大还不能穿的衣服。　·目前适合的衣服。

⊖ 按尺码分类。

根据衣物的尺码分类,区分目前适合的及暂时嫌大不能穿的衣物。

⊕ 按季节分类。

根据季节,把当季和过季的衣物进行分类。

·当季的衣物。　　　·过季的衣物。

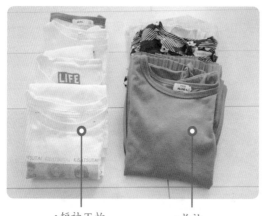

·短袖 T 恤　　·长袖

○ 按类别分类。
比如按衬衫、T恤、毛衣、短裤、牛仔裤等类别进行分类，更方便查找和掌握每个类别的数量。

◎ 按用途分类。
比如按幼儿园的校服、出门穿的衣服、家居服等进行分类，更方便查找和取放。

·校服　　　·家居服　　　·出门衣物

8.1.2　孩子的玩具让孩子自己筛选

　　孩子与大人所珍爱的,往往不是同一个物品。大人眼中的无用物,在孩子心中很可能是个心头宝。

　　因此在整理孩子的物品时,一定要事先与其沟通,让他们决定物品的去留;大人擅自做主处理孩子的物品,会给孩子造成严重的心理伤害。

　　另外,孩子自己筛选弃或留的物品,可培养他们思考、判断和选择的能力。

1. 初次分类

　　进行玩具的初次整理及收纳时，需要把玩具全部拿出，父母与孩子共同对玩具进行筛选。这样做有利于让孩子清楚玩具的确切数量，也能使父母重新了解孩子目前的喜好。

大部分孩子在刚开始对玩具进行初次分类时，都无法立马做出取舍，如果家长直接问哪个需要，哪个不需要，那么他们很可能会说都想留下。针对这种情况，家长可用以下两个问题来引导孩子做出决定：

⊕ 你经常玩的玩具或最喜欢的玩具是哪个呢？
（经常玩的和不玩的玩具各一个）

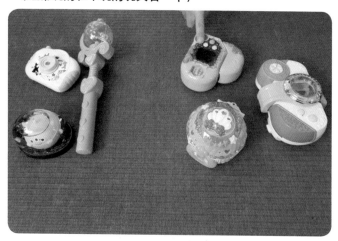

⊕ 两个玩具之间，你更喜欢哪个呢？
（两个类似的玩具各一个）

2. 二次分类

⊕ 按孩子玩的频率高低来进行分类。

如果玩具多，可以根据孩子玩的频率高低把玩具分为高频率的和低频率的玩具。将玩的频率高的玩具收纳在孩子容易看得见且易取放的位置；而将玩的频率低的玩具收纳起来，偶尔拿出来供孩子玩也能让孩子产生新的兴趣。

· 玩的频率低的玩具。

· 玩的频率高的玩具。

·恐龙主题区域:
上面用于展示,
下面则用藤筐集
中收纳其他恐龙。

⊕ 按主题分类。

如果有很多恐龙模型, 就可以教孩子用这些恐龙模型制定一个有关
恐龙的主题, 比如恐龙公园, 并按这些主题集中收纳; 如果有很多小
碗碟, 就用这些小碗碟制定有关迷你厨房的主题。与这些主题相关
的小件物品就可以集中收纳在其主题范围内, 不仅取放方便, 也有利
于孩子记住玩具原来的位置以培养孩子将玩完的玩具归位的好习惯。

·变形金刚主题区域:上层用于展示,下层用于集中收纳其他变形金刚。

·其他玩具·

⟵ 按种类分类。

比如按毛绒玩具、乐高、芭比娃娃等类别进行分类, 有利于孩子有选择性地取放玩具。

·毛绒玩具·　　　　·拼搭类玩具·

按玩具的大小分类。

有些大型玩具并不适合使用收纳盒收纳, 所以在给玩具定位或选择收纳工具时, 玩具的大小也是需要考虑的重要因素。

·大型玩具

·小型玩具

8.2 儿童房的收纳

儿童房主要是用于孩子学习、玩耍、换衣和睡觉。儿童房的收纳也需围绕这四个主题进行规划。规划时，要从孩子的角度去考虑，如果按照大人的想法来规划收纳，孩子会觉得很麻烦，这不仅降低了孩子的积极性，也无法让孩子养成独自整理收纳的习惯。

•客厅绘本区。

•儿童房绘本区。

那么该如何从孩子的角度去规划收纳呢？

1. 观察孩子一天的动线

——什么时候？在哪里？做什么？

根据孩子的动线，把相关的物品收纳在所需要的地方或附近。比如，孩子习惯在客厅和儿童房看绘本，那么可以把绘本分别收纳在这两个地方，既能减少孩子来回走动取绘本的麻烦，也能让孩子轻松把绘本放回原位。

2. 观察孩子的动作

　　根据孩子习惯做的动作来决定收纳方法。比如孩子喜欢把外套随手放在床上，不喜欢挂起来，这时可在床边准备一个收纳篮，让孩子把衣服直接放到收纳篮里，这样既能防止孩子随手乱放到床上，也不会让孩子觉得麻烦。

　　想给孩子制造一个可以独自收拾的环境，除了要观察孩子的动线与动作之外，还要考虑不同年龄段孩子的不同特点。随着孩子年龄的不断增长，他们的可视范围，身高和对环境的认知力、判断力、性格、喜好都会发生变化，大人需要时刻留意这些变化并随时根据这些变化来调整收纳环境。

·六岁以下幼儿的可视范围有限，所以针对他们设计的家具都比较矮小。

8.2.1 不同年龄段衣物的收纳

以妈妈或孩子的主要照顾人的习惯来规划收纳。

照顾婴儿事务繁多,喂奶、换衣、洗浴……有的家庭是妈妈做,有的是由老人或月嫂做。这个时期需以照顾孩子的人为主,来规划收纳。

如:妈妈负责喂奶,月嫂负责给婴儿换尿不湿和穿衣物,那么与这些相关的物品,就可集中收纳在月嫂方便取放的位置,这样妈妈休息时就无须担心被打扰。

婴儿时期的衣服比较小,除了不方便折叠的厚重的衣服,大部分竖立收纳更适合。把体温计、尿不湿、纸巾等用品集中收纳在小推车里,无论哪个区域都可以自由移动和取用。

2～6岁

与孩子一起共同进行整理收纳。

　　教孩子整理收纳是个漫长的过程，一两次也许无法让孩子理解整理收纳的含义，需要在耐心反复的练习中，让孩子习惯整理收纳。

　　此年龄段的衣物相对于婴儿期要稍大些，可结合悬挂和折叠两种混合型收纳方法，方便孩子自主选择和取放衣物。

• 伸缩杆可自由调节高度，但承重有限，用来悬挂孩子的衣服很适合。

• 挂衣区根据孩子的高度来调节。

2～4岁的孩子喜欢模仿大人并自己动手做一些事情，可以跟孩子一起叠衣服，给他们做示范，让孩子慢慢习惯自己把衣服放回原位。到了5～6岁，孩子们对衣物有了属于自己的喜好，家长可以鼓励孩子自己选择和管理喜欢的衣物。

这个年龄段的孩子是可以做到自己取放衣服的。根据孩子的身高调整挂衣杆的位置，有助于培养他们自己取放衣服的习惯，无论挂衣区还是叠放区，如果塞得太满，会影响孩子取放的方便度，降低孩子自主取放衣物的积极性，所以衣物间要留有一定余地，整体数量尽量不要超过收纳空间的80%。

衣物间留有余地，让孩子更易取放。

鼓励孩子独自完成整理收纳，并管理自己的衣服。

鼓励孩子自己的衣橱自己收拾，大人尽量以辅助的方式引导孩子进行合理的整理收纳。

到了这个年龄段，衣服也会增多，如学校的校服等，如果没有足够的收纳空间，可以另外添加一些辅助的收纳工具来收纳。

8.2.2 不同年龄段玩具的收纳

以孩子的安全与卫生为重点考虑因素进行收纳。

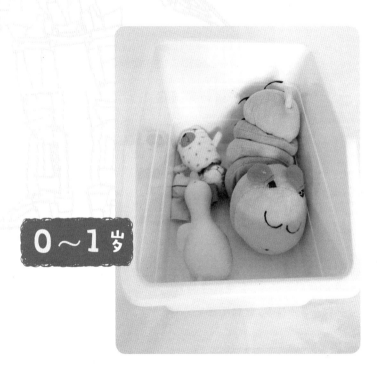

0~1岁

收纳方法:

这个时期是孩子的感官探索期,喜欢把各种东西放进嘴里试探,大人需时刻注意,以免孩子误食。这个时期的玩具相对较少,同时还需频繁消毒清洁,可以把玩具集中收纳在一个容器里,大人取放更方便。

2~4岁

大人引导孩子进行整理收纳,让孩子对整理收纳产生兴趣。

● 收纳方法:

收纳玩具时不需要分类过细,放得太整齐,只需要定好玩具的位置就可以。因为分类过细或者要求放得太整齐,会使此年龄段的孩子负担过重,起到反效果。

这个年龄阶段孩子的可视区域有限,需收纳在孩子视线之下。

在选择收纳工具时,最好选择容易取放的、轻便、快速置入的简洁类型,尽量避免带盖的盒子。

儿童的收纳工具尽量避免带盖的收纳盒。

5～6岁

尽量让孩子独立思考,并决定收纳的方法与固定位置。

收纳方法:

　　在这个年龄段的整理收纳中,需要注意的是要尊重孩子的意见,选择收纳工具时,尽量以他们的取放方便度和喜好来选择收纳工具,也可以跟他们交流一下意见后共同决定收纳工具。

tips: 这里都是孩子自己选择的收纳盒,自己选择喜爱的收纳工具有利于提高孩子自主收纳的兴趣。

鼓励他们独自进行整理收纳，大人只是偶尔给予适当的建议。

●收纳方法：

上小学之后，还会增加更多书籍和文具，可多使用文件夹之类的工具来分类收纳，分类可以进一步细化，比如，笔可以分为彩笔、铅笔等，这样小朋友也就更容易寻找及复位，有利于保持整洁状态，提高学习效率。

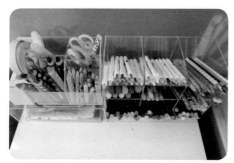

·玩耍区域

·学习区域

tips: 还要划分学习区域和玩耍的区域，这样更有利于集中学习。

8.2.3　儿童房物品的收纳范例

1. 毛绒玩具

⊖ 挑选最喜欢的作为展示收纳, 剩下的可集中收纳在一个大盒子里。

2. 乐高

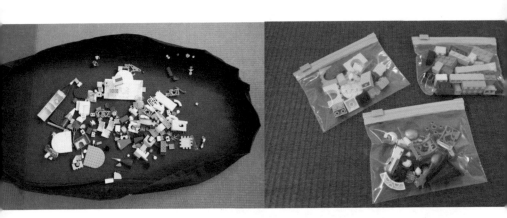

⤊ 如果是少量,可以给孩子准备乐高池,既不会丢失,也方便收拾。

⤊ 按种类和颜色的不同分别用小盒子、小拉链袋、小抽屉等收纳。

3. 拼图

⤷ 使用家里的保鲜袋收纳,一套拼图收纳在一个保鲜袋里,可防止多种拼图混在一起。

4.画笔

⊖ 对于低龄期儿童使用的画笔，可选择大口径插入式笔筒收纳。

⊕ 对于年龄稍大的儿童使用的画笔，可按种类和使用频率分类后进行收纳，根据儿童的使用习惯选择横放或竖放。

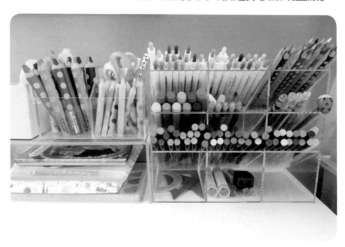

5. 画纸

⊖ 根据画纸的大小、使用目的等
分类收纳。可以利用多层文件架
分别收纳不同颜色或不同厚度的
画纸。
对于较大的画纸,可卷起来竖立
放在大桶收纳盒里。

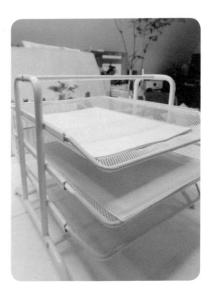

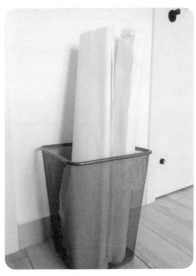

tips: 笔与纸组合收纳在一起更方便使用。

6. 孩子的作品

⊖ 选择最想留下来的作品，集中收纳在一个大收纳盒里，便于日后进行二次整理，剩下的拍照留作纪念后处理掉。

·大收纳盒靠近绘画桌收纳。

⊖ 拍照留念可以定一个主题，如："孩子的画作"，在作品上标注创作日期，与孩子同框合影，再做成主题电子相册。孩子的衣物、玩具、鞋子等都可以这样操作。

tips: 孩子和作品同框更有意义。

⊕ 在展示区域展示一段时间后，拍照留念，然后撤除。拍照时，依旧采用在作品上标注时间并与孩子合影的模式，最后将照片加入主题相册中。

tips: 在儿童房里可单独设计一面墙作为
展示墙，用于定期展示孩子的作品。

⊙ 将孩子的作品集中在一个大收纳盒里收纳后，制定规则：当盒子无法装下时，所有作品需要重新检查一遍，只留最想留下的并装订成册，每年一册留作纪念，剩余的在拍照留念后进行处理。

8.3 亲子收纳小贴士

①

家长要多多鼓励孩子,给孩子说话时避免命令式的语气,提意见要注意方法,以免打击孩子自主整理收纳的积极性。
× 赶快收拾!
√ 可以自己收拾了! 太棒了!

收纳小贴士

②

如果有两个孩子,需要划分各自的区域,让孩子们学会自己的地方自己负责,做好整理收纳和管理。

③

儿童房的整理收纳标签化也是很好的方法: 在孩子识字前可以拍玩具的照片或者相应的图案的方式作为标识; 在识字后可以贴上文字标签进行管理。

④

根据孩子的性格规划整理收纳。有的孩子喜欢把东西展示出来,有的喜欢收纳在抽屉里。与孩子一起整理收纳的过程,也是父母进一步了解孩子的好机会。

⑥

  不把大人的标准强加给孩子；而应降低目标、不要求完美；根据孩子不同的成长时期，制订不同的目标；慢慢养成整理收纳的习惯，让孩子在成长实践中感受和了解整理收纳带来的诸多好处。

⑤

  在选择收纳工具时，需要考虑卫生问题和安全因素；否则有可能会造成事故，给孩子造成伤害。

不要把大人的标准强加给孩子。

⑦

  根据孩子的成长与变化，与孩子定期审视物品并调整收纳，如果孩子的衣橱收拾完马上复乱，说明这个衣橱的收纳方式已不适合孩子现在的生活方式，应重新审视孩子衣橱并重新整理收纳。

第9章 收纳有神器，神器需运用

9.1 不同工具的使用场景

前面我们把八大区域都进行了整理，想必已经有了很多经验和感悟。下面我们把几类常用的收纳工具做一个场景大集合；这样我们在选择收纳工具时，会有更理性、更直观的认知。

9.1.1 各种塑料收纳盒、抽屉

⊖ 体积比较大的硬质收纳盒适合收纳各类囤货（包括纸制品、打扫工具等）或玩具类。需要注意的是，若整体重量较重，则应尽量收纳在下部位置，来减少拿取时的不便。

⊝ 小型硬质收纳盒宜收纳零碎
小物品,一个种类一个收纳盒,
贴好标签,固定位置,寻找零碎
小物品再也不是难事。

· 收纳各种小物品,然后集中放置。

· 分类收纳零食。

· 集中收纳婴儿用品。

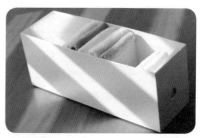

➔ 文件盒的用处非常多，除了收纳文件外，还能收纳锅具、碗碟等。

⊕ 塑料迷你抽屉可以用来收纳玄关小物品、文具、婴儿衣物、小颗粒玩具、内衣袜子等,可以根据空间叠放并自由组合。

· 分类收纳玩具。

· 集中收纳文具。

· 在玄关收纳小物。

· 收纳内衣袜子。

· 收纳婴儿衣物。

⊙ 中、大塑料抽屉是衣橱的
好帮手。除了用在衣橱外，还
能用在卫生间、厨房，来弥补
装修时抽屉不足的情况。

·用于衣橱。

·用于卫生间。

·用于厨房水槽下。

⊝ 抽屉还能分开单独使用：外框可以起到层板架的作用；内抽可以作为独立收纳盒。

tips: 抽屉内部单独抽出后分别使用。

· 内抽当收纳盒使用。

· 外壳也可以另外收纳物品。

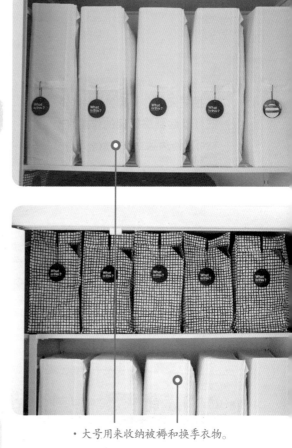

9.1.2 布艺收纳袋、收纳盒

⊖ 布艺收纳工具柔软轻
便, 特别适合收纳衣物、
被褥类, 可多个分类竖向
放置, 更易拿取。

· 大号用来收纳被褥和换季衣物。

· 中号用来收纳当季衣物。

tips: 小号可以收纳小件衣物后再放
入大抽屉起到分隔空间、让衣物分
类更明确、更不容易混乱的作用。

9.1.3 牛皮纸袋

⊕ 牛皮纸袋便宜、透气,两层叠加使用更牢固,几乎在所有场景都能使用;还可以混色叠加,内部本色,外部白色。若用来收纳蔬菜,显得美观且耐脏。

· 收纳衣物。

· 收纳零食。

· 冰箱冷冻室收纳食物。

· 分类收纳常温蔬菜。

· 冰箱冷藏室收纳食物。

9.1.4 书立

书立分单个书立和多隔书立。单个书立灵活，多隔书立稳固。多隔书立除了用来卡书外，一切需要竖立并排收纳的物品都可以用它，如：锅具、衣包、碗碟、孩子玩具、游戏板等。

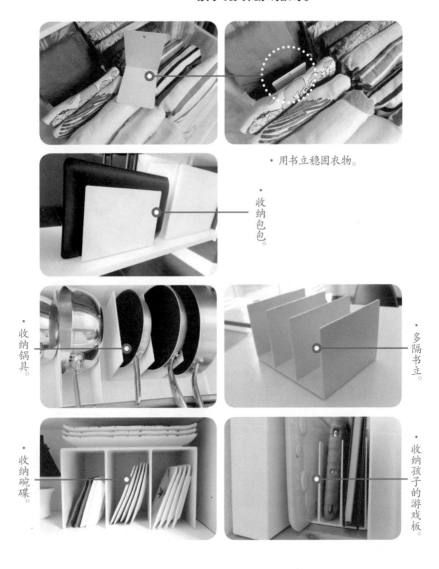

· 用书立稳固衣物。

· 收纳包包。

· 收纳锅具。

· 多隔书立。

· 收纳碗碟。

· 收纳孩子的游戏板。

9.1.5　密封袋和拉链袋

⊙ 密封袋和拉链袋的用途很多，可用于收纳食物、玩具、零碎小物件、小文具数码产品、生活用品、药品、文件档案等。

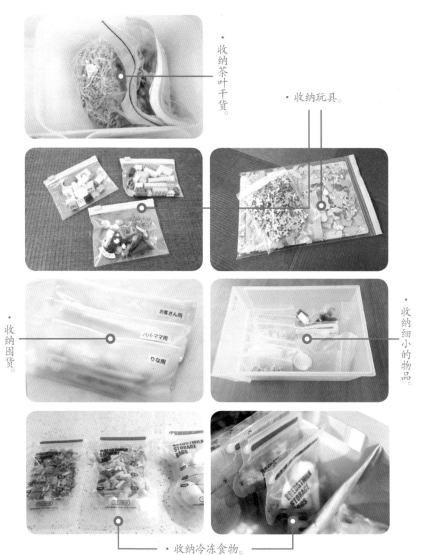

· 收纳茶叶干货。

· 收纳玩具。

· 收纳囤货。

· 收纳细小的物品。

· 收纳冷冻食物。

9.1.6 伸缩工具

⊖ 伸缩工具可以调节长度，在橱柜使用过程中可以灵活增加纵向空间。如，伸缩杆可以用来悬挂衣物、清洁剂等，也可以多个成排使用形成隔板，还能竖向使用分隔横向空间，是空间翻倍的利器。

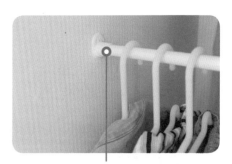

•伸缩杆用于衣橱内。

•伸缩杆用于餐桌下收纳纸巾。

•伸缩杆用于在挡住物品，以免掉落。

•伸缩杆用于进深浅的鞋柜里竖立收纳高跟鞋。

•用于厨柜内收纳清洁剂。

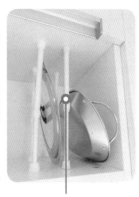

•收纳发饰。

•用于抽屉内稳固物品,
避免前后晃动。

•竖立使用伸缩杆,用于收纳
扁形物品,如烤盘、锅盖等。

·伸缩架替代隔板。

tips: 伸缩架用在有管道的水池下，
可以绕开各种管道，增加收纳空间。

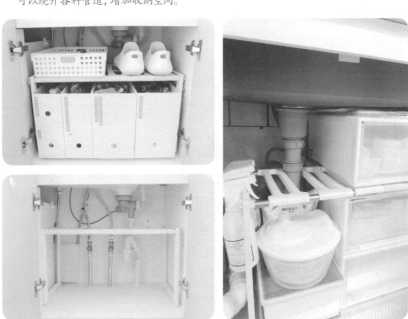

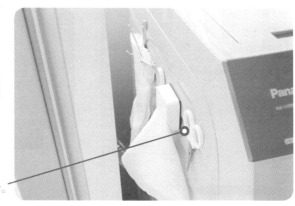

9.1.7 其他工具

· 磁性挂钩用在洗衣机侧面。

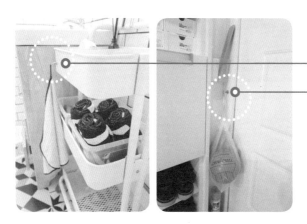

· 磁性挂钩还可用在防
盗门、铁质小推车、冰箱、
热水器上。
（还有各种磁性挂篮都
可以用在上述部位）

· 磁条可进行自由裁剪
后贴在需要的部位。若
磁力不够，则可再单独
购买引磁片来增加吸力。

tips: AA 条＋配套部件可以安装在需要的墙面，其优点是层板可以自由调节及增减。

↩ 悬挂式收纳就是在家具顶部增加纵向收纳空间的方法。目前有各种悬挂式收纳工具, 可以根据需要进行选择。

tips: 小隔板既可起到分隔作用, 还可以防止物品倾倒。

tips: 挂杆与收纳盒配合使用, 适合细长型物品的收纳。

收纳工具种类非常齐全, 但要找到适应各种物品和空间的却不易。选择收纳工具有以下七个要素:

① 一定要先整理再分类, 最后在收纳工具出现不足时再考虑购买。

② 在购买收纳工具前要反复测量尺寸, 做到尺寸和收纳物品以及橱柜空间的双匹配。

③ 在同一空间的收纳工具尽量做到形状和颜色统一。

④ 高处的收纳工具要轻巧, 把手选择靠近下方的。

⑤ 大型收纳工具尽量收纳在下方, 把手要靠上。

⑥ 尽量购买灵活可拆卸的收纳工具, 避免日后空间变换带来的麻烦。

⑦ 孩子和老人的收纳工具要简单轻巧便利, 安全性要有一定的保障。

9.2　部分整理案例

● 厨房

整理前

　　物品一片混乱,要用的物品
往往找不到,空间拥挤不堪,平
时很难彻底清洁干净。

◉ 厨 房

．．．．．．．．．．．．．．．．．．．．．．．．．

整理后

物品按类别、使用频率重新摆放，台面清爽无物，每样物品有固定空间，使用便利、易归位、做卫生也变得更加简单。

● 衣 橱

整 理 前

衣物定位不清晰，
悬挂衣物区过于拥挤，
其他区域物品混乱。

● 衣 橱

整 理 后

悬挂区衣物间隔舒适，抽屉做了分区，衣服根据类别分别置入，一目了然。

衣帽间

整理前　　　　　　　　　　　　整理后

杂物柜

整理前　　　　　　　　　　　　整理后

整理前　　　　　　　　整理后

冰
箱

● 客厅

整理前　　　　　　　　整理后

读者意见反馈表

亲爱的读者：

感谢您对中国铁道出版社有限公司的支持，您的建议是我们不断改进工作的信息来源，您的需求是我们不断开拓创新的基础。为了更好地服务读者，出版更多的精品图书，希望您能在百忙之中抽出时间填写这份意见反馈表发给我们。随书纸制表格请在填好后剪下寄到 北京市西城区右安门西街8号中国铁道出版社有限公司大众出版中心 巨凤 收（邮编：100054）。此外，读者也可以直接通过电子邮件把意见反馈给我们，E-mail地址是：393495504@qq.com 。我们将选出意见中肯的热心读者，赠送本社的其他图书作为奖励。同时，我们将充分考虑您的意见和建议，并尽可能地给您满意的答复。谢谢！

所购书名：_____

个人资料：

姓名：_____ 性别：_____ 年龄：_____ 文化程度：_____

职业：_____ 电话：_____ E-mail：_____

通信地址：_____ 邮编：_____

您是如何得知本书的：

□书店宣传 □网络宣传 □展会促销 □出版社图书目录 □老师指定 □杂志、报纸等的介绍 □别人推荐
□其他（请指明）_____

您从何处得到本书的：

□书店 □邮购 □商场、超市等卖场 □图书销售的网站 □培训学校 □其他

影响您购买本书的因素（可多选）：

□内容实用 □价格合理 □装帧设计精美 □带多媒体教学光盘 □优惠促销 □书评广告 □出版社知名度
□作者名气 □工作、生活和学习的需要 □其他

您对本书封面设计的满意程度：

□很满意 □比较满意 □一般 □不满意 □改进建议

您对本书的总体满意程度：

从文字的角度 □很满意 □比较满意 □一般 □不满意
从技术的角度 □很满意 □比较满意 □一般 □不满意

您希望书中图的比例是多少：

□少量的图片辅以大量的文字 □图文比例相当 □大量的图片辅以少量的文字

您希望本书的定价是多少：

本书最令您满意的是：

1.

2.

您在使用本书时遇到哪些困难：

1.

2.

您希望本书在哪些方面进行改进：

1.

2.

您需要购买哪些方面的图书？对我社现有图书有什么好的建议？

您更喜欢阅读哪些类型和层次的经管类书籍（可多选）？

□入门类 □精通类 □综合类 □问答类 □图解类 □查询手册类 □实例教程类

您在学习计算机的过程中有什么困难？

您的其他要求：